FROM ABSORPTION TO INNOVATION-DRIVEN
Evolution of China's Science and Technology Policies

从"大胆吸收"到"创新驱动"
——中国科技政策的演化

李 哲 / 著

科学技术文献出版社
SCIENTIFIC AND TECHNICAL DOCUMENTATION PRESS

·北京·

图书在版编目（CIP）数据

从"大胆吸收"到"创新驱动"：中国科技政策的演化 / 李哲著. —北京：科学技术文献出版社，2019.6
ISBN 978-7-5189-5623-4

Ⅰ.①从… Ⅱ.①李… Ⅲ.①科技政策—历史—研究—中国 Ⅳ.① G322.0

中国版本图书馆 CIP 数据核字（2019）第 110815 号

从"大胆吸收"到"创新驱动"——中国科技政策的演化

| 策划编辑：李 蕊 | 责任编辑：张 红 | 责任校对：文 浩 | 责任出版：张志平 |

出 版 者　科学技术文献出版社
地　　址　北京市复兴路15号　邮编 100038
编 务 部　（010）58882938，58882087（传真）
发 行 部　（010）58882868，58882870（传真）
邮 购 部　（010）58882873
官方网址　www.stdp.com.cn
发 行 者　科学技术文献出版社发行　全国各地新华书店经销
印 刷 者　北京时尚印佳彩色印刷有限公司
版　　次　2019年6月第1版　2019年6月第1次印刷
开　　本　710×1000　1/16
字　　数　210千
印　　张　21
书　　号　ISBN 978-7-5189-5623-4
定　　价　88.00元

版权所有　违法必究

购买本社图书，凡字迹不清、缺页、倒页、脱页者，本社发行部负责调换

PREFACE》》自序
科技创新的政策树

尽管对科技政策的关注是我日常工作的主要内容，以历史的视角分析问题也是各类研究经常需要使用的方法，但通过一本书的写作过程来梳理这些事实的想法，直到羊年春节才形成。这个想法闪现于正月初四，那一天，穿梭在北京西单图书大厦如林的书架间，我竟没有找到一本在售的关于科技政策发展历史的图书，在网上查询后，相关历史资料也是寥寥，当时真希望是我孤陋寡闻。

有了这个想法作为种子，随后的日子中我便有意收集和梳理相关素材，找到了一些文献，如经典的李约瑟的《中国科学技术史》等。同时，也发现了一些问题，如对科技史的关注大多为科学发现、技术进步本身，而对政策的关注确实相对很少。这更加坚定了我写些什么的想法。

为什么要从历史的角度写中国的科技政策，我想有几个基本的原因。第一，科技创新得到了前所未有的关注，而科技政策作为政府配置科技创新资源的手段，无论是政策制定者还是科技活动的参与者，都更有必要了解，为什么政府要采取这样或那样的政策来促进科技发展，其背景和来龙去脉是什么？

第二，缺乏历史视角的思考很容易将问题的表象错误地视作症结，这样的例子在政策研究领域常常发生。大量科技政策研究成果更为注重的是横截面的或者说静态的对科技发展规划和科技管理运行机制的分析，而纵向的或者说动态的分析则较为欠缺。因此，许多研究成果和观点如果仅仅看其本身确实很有道理，但把它放在一定的历史背景中看，则明显表现出对历史逻辑的忽视，缺少历史感[1]14。科技政策的研究者和制定者，特别是初涉这个领域的人员，往往会进入一个误区，即将现有的政策、现有的发展状态认为是自然而然、理所应当的，而忽视了这些政策的历史延续性，进而得出似是而非的判断，甚至造成逻辑顺序的混乱。

第三，由于认识的误区，容易从表面解决问题，甚至形成自相矛盾的结论。例如，既然有的国家科技水平高，有的国家科技落后，为什么落后的国家不如法炮制，采纳先进国家的政策呢？确实，历史上不乏这样的先例，中国在借鉴先进国家经验方面也是受益者。但是，需要承认的是，虽然各种国外常见的科技政策和创新政策在中国都能找到对应或类似的政策，有些政策的实施成效却难以简单判断。问题远比表面显现的复杂得多。

忽视历史进程的连贯性是很危险的。例如，对于在英国发生的工业革命，最初采用"工业革命"一词的人，由于缺乏数据，同时又不习惯采用定量分析，对诸如"突然""迅速""猛烈""时断时续"等印象深刻的形容词很满意。事实上，直到19世纪中叶，英国工业才真正露出"近代"的特征，距公认的"工业革命"发生的年代已有数十年之隔[2]195。类似的影响如果发生在政策领域,这种认识与现实特点的不匹配将导致非常严重的判断失误,大多数情况下,将对科学、技术和创新产生不良的后果。

对历史的了解,是制定政策、保持政策持续性的一个基本前提。作为一个专业的科技政策研究人员,这种了解不仅仅是必需的,也是非常有趣的。对历史文献、政策条文的阅读,不时纠正和丰富了我的理解。每当读到一些新观点,或有一些新启发时,都难免有一种讨论分享的冲动。因此,我尽量保持了每天1小时阅读和800字读书笔记的习惯,很多当时的想法也吸收在本书中。从这个意义上来讲,这本书也是读书随笔。

在资料整理和写作的过程中,主要围绕三条线索,以科技政策、宏观经济政策为两条"近景"上的主流和以微观的创新活动变化为一条"远景"的支流。这三条河流都有各自的河床,但不时混合在一起流动,而科技政策在三条河流中将处于最中心的位置。

如果读者关注政策的细节,可以通过网络、文献等手段查阅政策文本,绝大多数科技政策可以容易地获取。如果关注中国科技政策发展的整体进展和成效,可参考2008年由科学出版社出版的《中国科技改革开放30年》,这本书中第三章是关于科技政策与法制建设,第二章是关于科技体制改革与国家创新体系建设。本书所引用的一些政策也来自于此。2002年,中央党校的崔禄春博士基于他的博士论文,发表了《建国以来中国共产党的科技政策研究》的专著,系统分析了不同时期中国

从"大胆吸收"到"创新驱动"——中国科技政策的演化

共产党发展科技事业的思想和主要政策,并且呈现了许多生动的历史细节。从理论角度,清华大学苏峻教授的《公共科技政策导论》、陈劲教授的《科学、技术与创新政策》等论著对政策理论、分类、工具等做了全面而扎实的论述。《中国科学技术发展报告》作为连续的政府出版物也每年出版,其中对科技政策的当年情况进行了总结,许多起草者也是我的同事。

需要说明的是,尽管新中国成立以来,特别是改革开放以来,中国的科技政策体系得到了迅速的建立,通过这些政策的实施,有效地促进了中国科技事业的发展,进而支撑引领了中国经济社会发展的方方面面。但是,本书写作的初衷,并非对这些政策进行一个历史角度的综述,更不是为这些政策的制定实施进行具体的价值判断,而是从一个更加宽广的视角,大尺度地观察以科技政策为载体的中国科技制度的历史变迁。由此,我们才能很好地理解当前的政策状态,面向未来的政策思路才能立足于更加有营养的土壤上,知古鉴今,以史资政。

在对大量政策文本和历史资料阅读的过程中,我越加感到,每个政策、每个政策主题都是有生命的,它会萌发、生长、扩散,有的也会随着时代的变迁而消亡。每一个有生命的政策都有基本的生命体征,有头、有干、有枝、有爪、有尾。在读一项政策时,我会仔细阅读总则,这是一项政策的头,要指明政策的导向。政策的主体部分则是枝干,而其中推动实质性制度改变的政策点,我们往往称之为抓手。有的政策虚胖,看起来四平八稳、气势磅礴,实际上缺少利爪;有的政策精瘦,只有寥寥数条的"干货"。在尾部,也要说明政策的适用条件、实施时间、解释权等条款。

在阅读每一项政策的时候,我也都怀着一种尊敬的、小心翼翼的心情,有时不免想到这些科技政策在研究制定时的情景:来自政府、研究机构、企业的各方面人员经历了各种调研、连续会议讨论、多次的连夜修改后,一项政策才能进入发布程序。在实施中,这些政策也影响着千万与科学、技术、创新相关的人。

因此,本书采用了"政策树"这种比较形象的说明来表达这些科技政策的演化历程,这棵树从无到有、从羸弱到繁盛,都深深地根植于中国经济和文化的沃土上,在可以预见的未来,它将会更加枝繁叶茂。过去,不了解中国的经济政策,就无法深刻理解中国的科技政策。未来,不了解中国的科技创新政策,就无法充分预见和把握中国的经济走向。

由于认识和能力有限,书中难免存在疏漏和不足,恳请各位读者提出宝贵意见,我将不断加以改进。

作 者

2016年8月10日

CONTENTS >>> **目 录**

导言：政策演化的基本脉络 / 1

第一章　"自发"时代：漫长的科学技术史 / 9
　　　　　早期的"拿来主义" / 12
　　　　　"同步起跑"的机会 / 13

第二章　新文化运动：科技政策的萌发 / 17
　　　　　科技政策的思想根源 / 18
　　　　　挣扎中前行 / 22
　　　　　新文化运动中的科技 / 24
　　　　　解放区的科技政策 / 24

第三章　向科学进军：第一次全面规划科技发展 / 27
　　　　　计划经济下的快速启动 / 28
　　　　　向科学进军 / 32
　　　　　早期的技术引进 / 39
　　　　　三线建设 / 40

第四章　改革前夜：蹉跎后的再认识 / 43
　　　　　科技进步进程受阻 / 44

科技要复兴 / 45
持续的技术引进 / 47
科学技术是生产力 / 49
走出国门的震撼 / 50

第五章　科学的春天：为科技人员"松绑" / 53

1978年的全国科学大会 / 54
十一届三中全会召开 / 56
奖励科技人员 / 58
设立国家科技计划 / 61
经济开发区与科技政策 / 63

第六章　《决定》出台：面向经济建设主战场 / 67

从经济体制改革到科技体制改革 / 70
政策布局初步形成 / 75
产业技术政策 / 76
技术进出口 / 78

第七章　稳住与放开：社会主义市场经济导向下的科技 / 83

稳住一头 / 87
放开一片 / 90
科技人才 / 96

第八章　科教兴国：知识经济时代的权益、互动和开放 / 103

知识经济时代 / 104
成果转化 / 108
知识产权 / 113
走出去 / 118
专家的力量 / 119

第九章　院所改革：一次次站在十字路口 / 125

经济体制的快速调整 / 126
科研单位的事业费 / 130
242家院所转制 / 134
院所改革的持续 / 137
院所的困境与反思 / 141
创新创业服务机构 / 148

第十章　加入WTO：科技创新政策与国际接轨 / 155

热议的四个领域 / 157
税收政策的"组合拳" / 161
经费多了　也要竞争了 / 163
科技基础资源的开放与共享 / 166
科技的"是与非"成为政策话题 / 168

第十一章　中长期规划纲要：政策体系的初步形成 / 173

自主创新 / 175
科技金融 / 177
国家科技计划体系 / 178
深化科技计划管理改革 / 183
科技评价"指挥棒" / 188
新时期的"举国体制" / 191
部门、地方间协调 / 195

第十二章　国家创新体系：企业是技术创新的主体 / 199

国家创新系统 / 200
企业技术创新 / 205
技术经济范式 / 209
最终为了企业 / 220

第十三章　科技与产业变革：需求侧政策的探索 / 225
　　　　　　新技术催生关于科技和产业变革的讨论 / 226
　　　　　　科技和产业变革的政策影响 / 232
　　　　　　战略性新兴产业 / 239
　　　　　　区域示范 / 243

第十四章　科技全球化：越来越大的政策国际影响 / 247
　　　　　　国际影响增长 / 248
　　　　　　科技"中心东移"与"投资西进" / 252
　　　　　　回流、转移与新政策优势 / 256
　　　　　　创新对话 / 264

第十五章　创新驱动发展：需要更加协调的创新政策 / 267
　　　　　　四个全面 / 269
　　　　　　规避"陷阱" / 271
　　　　　　政策体系的快速演进 / 273
　　　　　　新一轮的深化改革 / 276
　　　　　　创新创业 / 277

第十六章　回到政策基本面：几方面基础与热点 / 281
　　　　　　科技政策智库 / 283
　　　　　　政策研究的"道"与"术" / 285
　　　　　　未来的政策热点 / 288

主要参阅政策 / 299

参考文献 / 315

跋 / 323

FROM ABSORPTION TO INNOVATION-DRIVEN
从"大胆吸收"到"创新驱动"

导言：政策演化的基本脉络

> 如果一个人不知道他出生之前发生过什么事情，在生活中就会像一个无知的孩童。
>
> ——马库斯·图留斯·西塞罗（古罗马政治家、哲学家）

从"大胆吸收"到"创新驱动"——中国科技政策的演化

按照《新华词典》的说法，政策，是指国家、政党为实现一定历史时期的任务和路线而规定的行动准则。《辞海》（第6版）上对此的解释是：国家、政党为实现一定历史时期的路线和任务而规定的行动准则，具有鲜明的阶级性，是一切实际行动的出发点，并且表现于行动的过程与归宿。不同性质的国家和政党，常有不同的政策。政策需要在实践中检验其正确与否，并在实践中得到丰富和发展。

技术和制度的变化是整个经济发生变化的最强大的动力来源。近几个世纪以来，技术创新一直是经济变革和发展的最强动力，仅一个多世纪之前，汽车、飞机、广播和电视都不存在，更不用说电脑和互联网了。在这些技术创新的过程中，科技政策发挥着越来越大的作用，决定科技政策方向的因素也越来越复杂。不能充分理解经济和经济政策，就无法真正看清科技政策的脉络，也就无法在科技、经济发展间形成持续有效的正反馈，在中国这样一个强势政府的国家尤其如此。这可能也是长期被各界反映的科技与经济结合不紧密问题的原因之一。

对科技政策历史的关注存在几方面难点，第一，概念的边界。科技政策是一般意义上的统称，实际上可以分为科学、技术和创新政策，这样的基本分类在当前政策研究领域已经得到了很大程度的共识[3]2-3。实际上，中国正处于从相对独立的科技政策向科技创新政策的快速转变过程中，因此，在本书中，虽然还称为科技政策，实际也包含了创新政策的内容，如与科技相关的产业、金融、教育、就业等政策。第二，处理好科技政策与科技发展的关系。关于科技发展的资料很多，但涉及政策层次的相对较少,而且同一类科技活动受到多种政策的影响,难以直接判断和评价。第三,具体政策的关注范围。如果从分类来看,科技政策可以从不同主体的角度来分类,如企业技术创新、科研院所等;也可以从政策理论的角度来分类,包括供给面、需求面、基础面等政策;从政策制定的主体来看,也可以分为国家政策、地方政策等。如果深入下去,各种政策的内容浩如烟海,远远不是本书所能把握的。因此,这本书所描述的重点是中央政府所发布实施的科技政策,并对各地探索性的政策试点予以了关注。

在讨论科技政策的同时,也需要分辨几类关系。第一,科技政策与科技法律的关系,在叙述过程中,主要以科技政策为主,也会对相关的法律进行介绍。第二,科技政策与科技体制的关系,科技政策是很多科技体制改革措施的制度化显现。第三,科技政策和科技发展战略的关系,可以认为,科技政策往往是各类创新战略在某一领域的落实。战略往往是宏大的、方向性的,而面对具体的对象就需要具体的政策。

还有,就是政策的常见分类,如意见和决定的区别。通知适用于转批下级机关的公文,转发上级机关和不相隶属机关的公文。通报用于表彰先进,批评错误,转达重要精神或者情况的下行文。函适用于不相隶属机关之前的洽谈工作,询问和答复问题,请求批准和答复审批事项的公文。意见是提出意见和解决办法的公文,可以下发意见,上报意见,平行意见。报告适用于向上级机关汇报工作,反映情况,答复上级机关询问的文件。决定一般以领导机关或者团体的名义做出,要下级机关、团体知道或执行。公告适用于向国外宣布重要事项或者法定事项的公文。通告是党政机关，社会团体或者企事业单位在一定范围内公布社会各有关方面应当遵守或者周知事项时使用的周知性文件。

再如，规章和规范性文件的区别。"规章"是指有规章制定权的行政机关依照法定程序决定并以法定方式对外公布的具有普遍约束力的规范性文件。从广义上讲，规章也是一种规范性文件，但是它不同于我们所讲的一般规范性文件。一般规范性文件指的是法律、法规和规章以外的规范性文件。我们在日常工作中所使用的"规范性文件"，实际上指的是一般规范性文件，或者称为狭义的规范性文件。这里，规章与一般规范性文件的主要区别是：从内容上看，凡是法律、法规规定以规章形式规定的事项，应当制定规章，比如，设定行政处罚，出台法律、法规的配套制度，均属于规章。至于一般规范性文件，主要用于部署工作，通知特定事项，说明具体问题。

从学术角度，陈劲等学者将世界科技政策发展分为三个阶段。第一个阶段是从1945年到20世纪60年代末期，标志性的事件为《科学——无止境的前沿》的发布，主要在科技体制建立的基础上启动各类科技政策，关注的内容主要是科技资源的配置。第二个阶段是20世纪70年代中期到1990年，这个阶段，各国的科技政策模式表现在以大型科技计划为龙头，促进科学技术和经济的发展。同时，随着科技发展对环境、生态等引发的副作用，科技政策进入了发展中的修正期。OECD发表了《科学、经济增长和政府政策》，强调政府应当注意科技发展的社会效益，把重点放在提高全人类的社会福利和生活质量方面。第三个阶段是20世纪90年代至今，随着冷战结束，各国对科学技术政策进行了重新思考、定位和调整。美国1994年发表了《国家利益中的科学》，把国家利益和安全的概念从国防扩展到经济、社会和健康的各个方面，从更广泛的领域利用科技保障国家利益。这个阶段，各国更加强调科技政策的系统性，更加注重完善本国的国家创新系统，同时也更加从全球化的视角来审视和设计科技政策。

2009年，清华大学的李正风教授在《民主与科学》刊物上发表了一篇题为"中国科技政策60年的回顾与反思"的文章，根据经济体制的变化，大体上将中国科技政策60年的变迁分为三个时期，分别是社会主义计划经济体制下的科技政策，体制改革和转型时期的科技政策，走向以社会主义市场经济体制为基础的科技政策，对每个阶段科技政策的特点和不足进行了反思。

对中国科技政策发展的叙述、分类、回顾还有很多，大体上以中央政府关于科技的重大历史事件为脉络，政策作为政府的行动准则，作者赞同将这种分类依据作为首选。事实上，本书的叙述也遵循着这个脉络。但是，这种方法在为分析中国政策历史提供了一个很坚实的坐标的同时，容易就科技而谈科技，难以充分考虑政策制定的经济、政治背景，忽视个体角度对政策的感受。

通过大量的阅读、访谈和讨论，可以看到，中国科技政策演化呈现出以下几项特点。

一是经过历次改革和发展，中国的科技政策体系初步形成。

这个体系中，涉及研发投入、科技人员、研发机构、科技设施等科技活动的物质要素，也涉及教育、产业、金融、商业环境、市场准入等实现创新所需的制度要素。世界各国常见的科技创新政策工具，在中国的政策实践中都可以发现对应的内容。

二是中国科技体制改革一以贯之的灵魂、虽历经调整但不变的核心主题，就是科技与经济的结合。历次政策出台高峰期所关注的中心问题，也是科技与经济的结合。抛开古代的科技活动，仅讨论新中国成立后的几十年间（在时间上与现代科技政策的形成基本同步），科技与经济结合就如人之两臂，改革开放之初的政策关注点在于技术引进，加入WTO后逐渐要求自主创新。许多政策的论证和出台过程，也是左右臂互搏协调的过程。

三是正在经历着新的爆发式增长的阶段，前几个阶段分别是"向科学进军""科学的春天"、1985年科技体制改革决定、1995年的"科教兴国"、2006年的中长期规划纲要、2012年的国家创新体系建设和2014年左右的创新驱动发展战略，每个阶段间的周期在缩短。

四是科技体制改革与经济体制改革同步，经济政策与科技政策基本同步。因此，如果不能理解中国的经济体制改革，就很难深刻理解中国的科技体制改革及科技政策。

五是历次改革引发新的政策出台密集期，每次改革由党中央国务院做出权威性的决定。这些政策逐层传达到各级地方，各地会因地制宜出台适合自己的政策，这也增加了政策的活力。

六是对最高领导集体，甚至最高领导人的决策具有很大的依赖，但科学共同体，或科技创新共同体正在形成。从新中国成立以来至改革开放初期,政治精英主导科技政策的制定一直是中国科技政策制定的主要特征,这种特征使得科技政策在执行上有很强的力度,科技政策从制定到执行处于高度集中的体系之中,具有迅速贯彻实施的优势。很多重大政策方向,是通过某个部门的报告获得批示得以推动的,也是通过主流媒体宣传得到广泛讨论和认可的。在这一点上,可能具有中国各类政策的普遍特点。

七是中国正经历着科学政策、技术政策到创新政策的快速演进。科学政策和技术政策的起源、发展路径、制定实施程序都有着很大的不同。如果从政策导向看,中国大多数的科技政策实质上是技术政策,真正的科学政策并不多。

八是中国对科技人员的关注,在科技政策形成之初就非常重视,如对科技人员的激励和奖励等政策。在各个时期的科技政策中,对科技人员的支持、奖励、引进均未停止,对科技人员如何进行合理评价也一直存在争论和改进。因此,简单地说科技政策制定者"重物轻人"并不客观,而且其所涉及的问题主要体现在科研项目经费管理中。

九是技术引进政策是中国科技创新政策的另一条线索。早期,中国的科研体系具有很浓的计划经济的色彩,而经济体系的完善很大程度上得益于技术引进(或是伴随着投资而产生的技术溢出)。人们在讨论科技与经济结合不紧密的问题时,往往有时将技术引进作为问题的原因,有时又作为结果。实际上,中国在发展的不同阶段,在科技政策方面大都做出了最理性的选择。

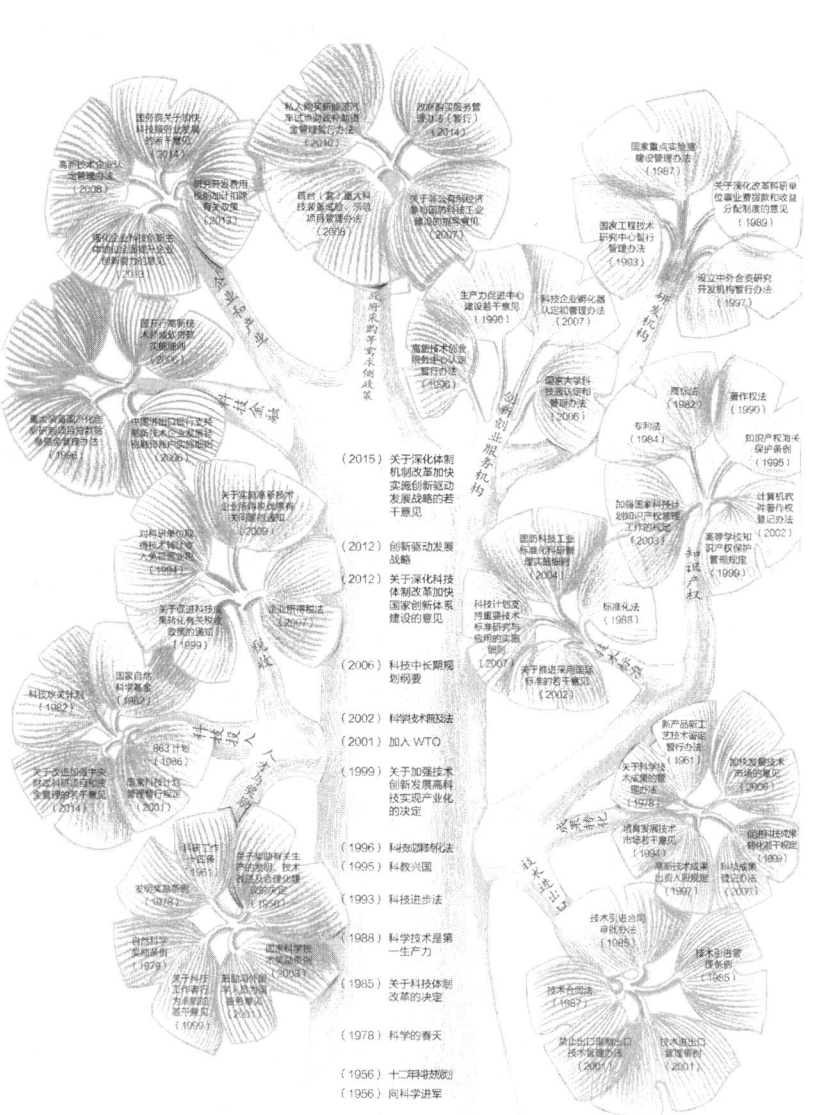

FROM ABSORPTION TO INNOVATION-DRIVEN
从"大胆吸收"到"创新驱动"

第一章
"自发"时代:漫长的科学技术史

从"大胆吸收"到"创新驱动"——中国科技政策的演化

中国在历史上不乏技术的创造力,这在遥远的商代就有了例证。吴晓波在其《浩荡两千年》的开篇,就讨论了后母戊大方鼎的制造团队和工艺。制造大方鼎,需要组建一个三四百人的工匠团队,涉及化学、冶炼、机械等工艺,需要科学的工种分配,协同操作。在商代,我们的祖先就有了了不起的技术应用和工程组织能力。

整体上看,中国科技发展一直相对独立,自夏商周积累,春秋战国奠基,秦汉形成体系。在相同的时期,欧洲经历了古希腊(公元前800—前146年)、罗马帝国(公元前27—395年)等时期。前者是西方文明的起源之一,产生了璀璨的科学成就,如阿基米德(公元前287—前212年)等人的学术成就,后者也形成了地心说等影响巨大的科学成就。自秦汉之后,中国与西方的科技发展分道而行[4]。西方的科技开始更多侧重于实证和数学运算,而中国的科技则更多侧重于个人经验积累而成的技巧。中国科技经三国两晋南北朝发展,隋唐五代持续,在宋辽金元时期达到高峰,到明清则开始缓慢衰落。西方近代科技传入中国后,二者开始逐渐融会贯通。

中国历史上也出现过丰富灿烂的科技成果,有张衡、毕昇等人的才华,也有浑天仪、指南针等原始发明。中国古代科技的重要特点之一,就是科技发展与自然经济密切相连,因而本身具有很强的经验性质,相对于理论科学和实验科学更重视感性认识[5]462-463。

在一些朝代,统治阶层从实用角度对科技给予关注。如在宋代,依托各种生产活动,官府有意识地通过奖励、培养人才等方式利用科技提高生产水平。一些平民通过科举进入仕途后，乡土情结浓厚，体察下情意识较强，即使对于被视为"贱伎"的科学技术知识，也不耻下问，从而成为科技专家。也有一些人出身贫寒或应举不中，专门从事科学技术研究，如毕昇发明活字印刷术，《梦溪笔谈》中木匠喻皓解决杭州梵天寺六角形多层木塔稳定性问题。对这些人，北宋政府也授予一些较低的官位，以提高他们的社会地位，这也是一种奖励[5]464-468。对于官方培养的科技人才，往往采取垄断的政策，教学、管理、任用、提拔等都有严格的制度，被称为"官学"，如都水监、军器监等，天文学在北宋就有官学性质。这些做法虽然并不是现代意义上的科技政策，但这些措施也有力促进了科技的发展，使得宋代产生了辉煌的科技成就。

借助科学计量学方法，有学者以《宋史》本纪中记载的科学技术内容为计量对象，对其进行句频分析，显示出宋代统治层对科技的关注度，可作为当时科技政策的计量指标。结果表明，宋代帝王们对天文、大气、水利、农业等最为关注，对一些实用性技术也有足够的关注，而基础学科相对不受重视[6]。科技活动和科技政策在发展过程中有着明显的差别，科技活动是自然发生的，而这些活动只有被决策者关注，才有可能成为科技政策。在中国古代，科学技术活动在国家和民族发展的整体规划中始终处在边缘的位置，虽然有零星的类似政策层面的对科学技术的关注，但始终没有一个古代中国政权试图将科技手段与国家总体发展联系起来。

早期的"拿来主义"

明朝是中国古代科学技术发展的巅峰时期,出现了无数科技方面的成就,最为著名的如徐光启、徐霞客、宋应星、方以智和李时珍等。其中,方以智是在天文学和数学方面有着卓著贡献;徐光启编著了农业巨著《农政全书》以及和利玛窦合作翻译《几何原本》,现今几何上的很多用语,如点、线、面、三角形、平行线等,都来自于《几何原本》;宋应星的《天工开物》,当时在全世界都是先进的,涉及农业、军事、日常用具的制造等各个方面;徐霞客的《徐霞客游记》更是详细地描述了山川地貌[7-8]。

明朝时期,中国也在不断地接触和吸收西方的科学技术。明朝出现了大量翻译的西方著作,如《建筑十书》《各种精巧的机械装置》《哥白尼天文学概要》等。明朝还编著了《崇祯历书》,着重介绍西方数学和天文学知识。按照明末发展的趋势,中国传统科学已经复苏,虽然赋税较多,民不聊生,但人们也都很喜欢研究科学。

明末这一时期的科学相当注重数学化或定量化的描述,而这些又是近代实验科学萌芽的标志。如李时珍《本草纲目》、朱载堉《律学新说》、潘季驯《河防一览》、程大位《算法统宗》、徐光启《农政全书》、宋应星《天工开物》、徐霞客《徐霞客游记》、吴有性《瘟疫论》等都是具有世界水平的著作[7-8]。但是,在明朝的封建体制下国家不重视科学和逻辑,这些科技成就往往是孤立的发现,无法形成体系。

明代也是冷兵器向热兵器转换的一个关键时期。出于对武器装备的竞争，在中国历史上开始较大规模的技术"拿来主义"。1492年，哥伦布发现美洲大陆后，西班牙、葡萄牙等国成为大航海时代的先驱，与航海、殖民扩张相配合，火炮等武器得到了快速发展，并取得了世界领先的地位。明代正德（约公元1491—1521年）末年，广东巡检何儒从停泊于珠江口的西班牙、葡萄牙商船上看到了一种新式火炮，便寻觅工匠积极仿制，谓之"佛朗机"。

明代隆庆初年，明廷开始批量生产这种装上了照门和准星的先进火器，陆续发往部队。据《练兵实纪杂集》记载，当时戚继光的车营装备佛朗机256门，辎重营装备160门。辽东告急之后，这种火器也大量发往东北前线。明代的官方统计资料表明，自万历四十六年（1618年）至天启元年（1621年）3年中，发往广宁（今辽宁北镇）的各类军火中，大小铜铁佛朗机就有4090架[9]。这种火器虽然给后金造成了一定威胁，然因其机动性能差（自重千斤以上），明军也没有找到一种相适应的战术，所以佛朗机之类每每落于后金之手。特别是广宁弃而不守之后，大量军火充实了敌人武库。明王朝靠仿制而拥有的"长技"反而为敌所乘。

"同步起跑"的机会

1660年，英国皇家学会成立了，这是世界上第一个科学共同体，云集了当时欧洲各个学科领域的顶尖学者。这个标志性的事件，使有关科技的政策有了发起者，也有了实施对象。同时期的1644年，中国发生了清军入关、王朝更替等事件，残酷的战争中断了科学发展的进程。康熙时期，全国已基本上统一，经济也得到很大的发展，而且有懂科学的传教士在皇帝身旁帮忙，国内、国外的环境都不错，这时是一个机遇，是中国有可能在科学上与欧洲近似于"同步起跑"的时机。

然而，康熙时期一系列错误的政策，把本可以与欧洲"同步起跑"的机会失去了。如康熙在用人上，对汉人采取防范措施，致使一些汉族科学家得不到重用；在培养人才和集体研究问题上，在有众多传教士的前提下，既没有兴办外语学校，也没有组织中国学者翻译外国科技书籍；在制造仪器和观测方面，只是把所制成的仪器视为皇家礼器，只供皇帝本人使用，而没有用来进行观测；对于中国传统科学的弱点——系统性、理论性不强，康熙未予以重视，他只关心一些普通常识问题，对从欧洲传进来的一些理论体系，不管是托勒密体系、第谷体系[①]还是哥白尼体系，都未予以重视并研究。

康熙时期是中国科技发展落后于欧洲科技发展的起点，之后的清朝统治者的政策也阻碍了中国科技的发展。如乾隆后的"复古"运动就崇尚一切都可以从古书中找到原因，包括科技。康雍乾这三位皇帝都被公认为是清朝历史上比较有作为的君主，他们之所以没有采取较积极的、有利于科技发展的政策，不是因为他们的目光短浅，而是因为他们敏锐地看到了科技对生产

---

① 第谷（Tycho）是丹麦天文学家，1588年，第谷提出了一种介于托勒密和哥白尼两体系的折中体系，认为地球静止不动居于宇宙中心。

力,对战争形势的改变。随着科技的发展,社会资源的产生不再与占有土地数量、人口规模等封建社会基础资源成正比,士兵个人"武勇"在战争中的作用也将被大大削弱,依靠"弓马"之术立国的清朝政权必然岌岌可危[7-8]。

对这些现象,当读过钱穆先生在《中国历代政治得失》一书中关于清代政治体制的描述后,作者有了更加清晰的认识。钱穆先生将清王朝称为"部族统治",其统治方法更多称为"法术"而非制度,这与汉、唐、宋等朝代有着根本的不同。所谓"法术",作者理解为统治者的"权术",在当时的生产力条件下"权术"尚能发挥作用,一旦加入科技的力量,会对"权术"之治带来不可预知的冲击。

据学者统计,清朝修订《四库全书》中禁毁图书达3000多种,几十万部以上;禁毁的书名可谓是种类繁多,不仅包含关于民族、政治、文化等方面的,连科学、技术、经济等类型的也要禁止,如《经济考》《军器图说》等。在清朝统治的几百年里,诸如《天工开物》之类的科学技术书籍居然消失了,《天工开物》在当时是相当先进的,直至民国时期在日本发现了此书,才使之得以重现中华大地。清朝禁毁图书的程度在历史上可以说是前无古人的,焚书坑儒的秦始皇,独尊儒术罢黜百家的董仲舒都要瞠乎其后。《军器图说》实际上是明朝火器部队重要的图书之一,明朝时期中国军队的装备一点也不落后于西方,自隆庆年间,明朝所使用的火器多达几十种。在航海方面,著名的郑和下西洋就是个例证,郑和所乘的宝船是当时世界上最为先进的,与郑和的宝船相比,哥伦布发现新大陆的船就显得太袖珍了[7-8]。

从科技政策的整体发展特征来看，要经历两个质变，一是从"无"到"有"，另一个是从"单一"到"多元"。前者是从自然经济（小农经济）到商品经济的转化而产生的，也就是说，只有在商品经济条件下，科技作为一项生产要素，科技政策才有可能出现。后者在中国是从计划经济到社会主义市场经济转化的过程中形成的，这也是后文表述的一条线索。在欧美等西方国家，没有经历计划经济的阶段，这个过程往往是伴随着技术商业化而发生的。

如果把科技放入中国古代的经济制度下观察，可以发现更深层次的原因。有观点认为，中国的企业史就是一部政商博弈史，其经典困境之一便是权贵资本横行，寻租现象历代不绝，财富向权力、资源和土地猛烈地聚集。社会资本不是在生产领域积累放大，而是在流通领域内反复地重新分配，技术革命几无发生的土壤[10]。如果这个观点成立的话，在当时的经济政治制度下，即使不是清朝的皇帝，其他任何人也很难把握住这样的"同步起跑"机遇。

FROM ABSORPTION TO INNOVATION-DRIVEN
从"大胆吸收"到"创新驱动"

第二章
新文化运动：科技政策的萌发

在史学界，中国近代是指从鸦片战争（1840 年）到新中国成立（1949 年）的一段时期。这段时期历经清王朝晚期、中华民国临时政府、北洋军阀、国民政府、抗日战争等，是中国半殖民地半封建社会逐渐形成到瓦解的历史，中国充满了灾难和屈辱，也充满了反抗和探索。也是在这个时期，现代意义上的科学技术在中国开始生根发芽，科技组织虽不成体系，科技活动虽不成规模，但科技渐渐进入了行政决策的视野。

科技政策的思想根源

从起源上看，科技政策起源于经济政策，特别是政府对经济活动干预的加强。小农经济条件下的生产活动组织方式，难以对科技活动提出制度化的需求。只有在规模生产和交易的条件下，技术因素才会被关注。在1776年亚当·斯密发表《国富论》之后的100多年里，"重商主义"[①]一直有些贬义的色彩。19世纪后半叶，德国历史学家施莫勒颠覆了这种观点，他认为重商主义最深层的核心就是国家决策，这里所指的并非狭义上的国家决策，而是国家决策和国民经济决策的共同体。

在科技决策中，也存在狭义和广义的差异，前者更多体现政府的意志，政策实施往往通过计划、专项等方式实现，而后者更多体现在科技、经济主体的参与上。从这个意义上来看，

[①] 重商主义是18世纪在欧洲受欢迎的政治经济体制，重商主义认为一国的国力基于通过贸易的顺差，即出口额大于进口额，所能获得的财富。

科技政策的不断完善过程,也是科技决策共同体不断形成的过程。在这个共同体中,随着与经济决策共同体的结合,科技政策也逐渐演变为科技创新政策。对此,在后面的章节将予以持续讨论。

与之相关的另一个问题是,科学政策和技术政策哪一个发生得更早?有学者把科学在工业中的应用看作是近代工业最主要的特征。这种观点固然有一定的吸引力,但仍有不圆满之处。18世纪近代工业萌芽时期,人类的科学知识还相当薄弱,虽有人提倡将科学成果直接应用于生产工艺,但实际上很难做到。虽然在过去,也常有人发展出新的技术,但通常是未受教育的工匠们在不断尝试错误中产生的,而不是学者经过系统化的科学研究而得[11]252。直到19世纪下半叶,随着化学和电学的蓬勃发展,科学理论才开始成为新工艺和新产业发展的基石。18世纪直至19世纪初期的一系列重大革新中,有很多是由心灵手巧的修理匠、无师自通的技工和工程师,以及其他自学成才者完成的,这也是当是技术进步最显著的特征之一[2]196。从这个角度来说,技术政策在时间上是先于科学政策的。

在中国,重农抑商是历朝历代最基本的经济指导思想。重农抑商政策的根源在于中国传统社会的经济基础,即自给自足的自然经济,对于人们来说拥有土地可以获得巨额财富,且地租收入较稳定,是发家致富的最好手段。历代统治者都把发展农业当作"立国之本",而把商业(有时也包括手工业)当成"末业"来加以抑制[1]4。在这种理念下,科学技术活动只能长期停留在民众自发的状态,是不可能被决策者关注并产生决策动机的。

平均主义对经济也有消极的影响,它产生的基础是小农业和个体手工业等个体经济。在贫富分化极其严重的社会中,农民对平均主义的要求有一定的合理性。但是,强调收入分配的均等、大锅饭、铁饭碗等都是平均主义思想的表现,其与各尽所能、按劳分配的原则相违背,对经济发展的消极影响是显而易见的[1]4。科技政策是从自然经济(包含小农经济)到商品经济过渡中形成的。从配置方式上看,随着从计划经济到市场经济的发展,科技政策的设计也必然面临着重大的调整。

技术的变化造就了新的生产关系,并形成了新的生产组织方式。这就意味着,在科技政策与经济政策发生关联之前很久,技术就已经和经济政策发生了密切的联系,并影响着这些政策。例如,人类从狩猎到农业生产的生产变革催生了社会分工,农夫生产足够多的粮食,使得其他人能够从事专业的手工业生产,并由此开始进行大规模、专业化的创新活动[12]。又如,新技术带来了规模更大的公司,它们需要新的法律形式来促进资本积累和分散投资风险。

公元1500年之后,人类的科学技术进步进入了一个飞速发展的阶段,对科学技术的关注独立迈上了历史舞台。在以往,政府和富有的赞助者虽然也将资金投入教育作为奖学金,但一般只是为了维持现有能力,而不是取得新的能力。如他们资助牧师、哲学家和诗人，目的是请他们使其统治合理化，并且维护社会秩序，而不是要他们发明新药物、武器或是刺激经济增长[11]241, 264。但在1500年之后，这种关系发生了变化，特别是随着地理大发现，政府和财富拥有者开始将大笔的资金投入到科技中。这种投入，并不是单纯为了学术和科学，而最终是要配合和服务于帝国主义的扩张和资本主义的发展。这意味着，科学研究一定要和某些宗教或意识形态联手，才有蓬勃发展的可能。意识形态能够让研究所消耗的成本合理化。

1807年，法国发布了《商法》。在此之前，还没有一项独立的法规来全面管理企业类型。在英国，1720年颁布的《泡沫法案》中禁止经营股份公司，除非它们有议会的特许，该法案在1825年废除后，公司仍需要特许权才能经营，这一直延续到1844年。欧洲大陆长期以来都有类似这样的禁止规定[2]196。这些制度的改变导致了投资者愿意以企业的方式来共同投入，通过包括技术创新在内的各种途径来获得长远的、有保障的收益。从这个意义上来看，这些关于商业和企业的法律，连同股份有限公司等制度，是决定企业创新的基础性制度。后来被各国广泛采用的对企业直接或间接的研发活动支持，与这些基础性的制度相比，则更多处于中观层次。

虽然科技的发展伴随着人类发展的历史，但现代意义上科技政策的发展却只有百年多的时间。19世纪后期，在市场和国家的合力作用下，科学研究和技术开发作为一种职业在西方社会才得到承认[3]11。然而，在没有专门的行政体制的情况下，对这些职业化活动的规制还上升不到政策层面。1916年，世界上最早的国家科技行政机构——英国的科学技术部和美国的国家研究委员会成立了，主要是为了促进军事科学技术或推动科学技术的军事应用。这开始了政府对科技活动进行组织的尝试，也开启了现代科技政策的大门。

挣扎中前行

清朝末年到民国初年，来自西方的科学知识和思想开始引入中国，技术伴随着贸易活动也进入了中国。其中最著名、由官方主导的为洋务运动，这是19世纪60年代至19世纪90年代洋务派所进行的一场引进西方军事装备、机器生产和科学技术的运动。洋务运动所提倡的"师夷制夷"表明洋务运动与外国侵略者的关系，即学习西方的长技用以抵制西方的侵略。洋务运动使中国出现了第一批近代企业，客观上带动了技术的应用。

同期，日本也进行了明治维新，其思想背景和实现路径与中国大相径庭。福泽喻吉[①]曾说，一个民族要崛起，要改变三个方面，第一是人心的改变，第二是政治制度的改变，第三是器物的改变，这个顺序绝不能颠倒[13]。近代，日本是按这个顺序走的，而清王朝则反着走。

---

① 福泽喻吉是日本近代著名的思想启蒙家，对日本资本主义和军国主义发展起到了巨大的推动作用，1985年发表了《脱亚论》。

德国"铁血宰相"俾斯麦的看法也从侧面上反映了这一问题，他在被问到当时中日两国竞争时说，日本人到欧洲来认真讨论学术、讲原理，谋求回国做根本性的改造，而中国人只问某厂的船炮造得如何，价值几何，买回去就算了。仅从制造来讲，在当时，中国、印度等国其实并不缺乏制造蒸汽机等设备的能力，购买后照抄完全不成问题[11]271。所缺乏的，是与工业化相配套的价值观、政治结构和制度体系，这些在西方花了数个世纪才积累形成，就算照搬，也无法简单消化。相对而言，美国、德国等能迅速跟上英国的步伐，是因为他们本来就和英国采取类似的治理结构和机制。

18世纪后期到20世纪上半叶，中国长期遭受内忧外患，社会经济遭到了极大的破坏。与此同时，欧美许多国家相继完成工业化，中国的经济增长速度已远远落后于这些国家。1820—1952年，中国国内生产总值和人均国内生产总值年增长率分别为0.22%和−0.1%，同期欧洲的这两项增长率分别为1.71%和1.05%，而美国更高达3.76%和1.61%。从1820年到1952年，"中国在世界国内生产总值中所占的比重从1/3降到了1/20，实际人均收入从世界平均水平降到了平均水平的1/4。"[1] 但是，以手工生产为主的格局并没有改变，近代工业生产所占比例很小，与欧美国家相比存在着很大的差距。

新文化运动中的科技

辛亥革命和五四新文化运动,为现代科学在中国的发展创造了社会条件和文化环境。"科学救国和教育救国"思想风行一时,一批科学家从国外回国,成为中国现代科技事业的先驱。

1912年,"中华民国"政府成立了位于南京紫金山的中央观察台。1913年,丁文江创立了国立地质研究所。1915年中国留美学生创办了中国科学社,出版了《科学》杂志,到1919年会员达604人。实业界的科研机构也出现了,最有名的是侯德榜的化学工业研究所。1928年南京国民政府组建了中央研究院,蔡元培任院长,这是全国最高学术研究机关,其任务是进行科学研究并对学术研究进行指导、联络和奖励。它上由中央政府监督,下设研究部、管理部和评议会三部分。1929年又成立了北平研究院。

这些专门科学研究机构的诞生,标志着中国科学事业开始走上体制化的道路[14]5。从学科发展来看,在那个时期,只有地质学、数学、生物学等少数学科有适当发展。一些新发展的科技部门和需要设备经费稍多的研究,则完全没有条件进行[14]6。

解放区的科技政策

1931年,中华苏维埃共和国临时中央政府在江西建立。苏

第二章 新文化运动：科技政策的萌发

区地域小，经济落后，又忙于反"围剿"，当时革命战争迫切要求解决的问题是无线电通讯和军医技术。红军在异常艰苦的条件下，创建了无线电大队，成立了军医处，培养红军的通讯和医务人员，党的技术工作从此发展起来[14]7。

中国共产党重视吸收知识分子，重视科学工作，开始提出并实施科技政策。1939 年，中共中央为促进边区生产发展，创办了延安自然科学研究院。后来，该院改为延安自然科学院，成为延安大学的一个学院，这是党创办的第一所理工科高等学校。

为了培养科技人才，党创办了中共中央党校、中国人民抗日军政大学、马列学院、中国医科大学等 20 多所干部学校和各种短期职业技术训练班，成立了农具厂、新华化学厂等校办工厂，1940 年成立了陕甘宁边区自然科学研究会。毛泽东亲自参加成立大会，并发表讲话。研究会发布了宣言，推举吴玉章为会长。这是中国共产党组织的第一个自然科学学术团体[14]7。

毛泽东明确要求全党要学习经济工作，学习工业技术，"如果我们共产党员不关心工业，不关心经济，也不懂别的什么有益的工作，对这些一无所知，一无所能，只会做一种抽象的'革命工作'，这种革命家是毫无价值的。"[14]8 1941 年 5 月 1 日，中共中央书记处发布了《关于党员参加经济工作和技术工作的决定》。这是抗日战争时期，中国共产党对推动技术发展的直接政策表现，政策内容不多，共 5 条①，主旨是"要发展边区建设，保证抗战的物质供给，就必须重视科学技术"。

---

① 第一，向全党解释，各种经济工作和技术工作是革命工作中不可缺少的部分，是具体的革命工作。应纠正某些党的组织和党员对革命工作抽象、狭隘的了解，以致轻视经济工作和技术工作，认为这些工作没有严重政治意义的错误观点。第二，解释学习理论与参加实际工作都是每个党员不可或缺的责任。但在革命运动中，尤其领导着军队和政权的党，共产党员决不能离开各项实际工作去"专做"理论工作（虽然可以也应该有一小部人专门从事理论的研究），同时也决不能单单埋头实际工作而完全不学习理论。因此借口学习理论而不愿参加实际工作，或仅仅埋头实际工作而不在工作中抽暇学习理论的倾向，都必须纠正。第三，每个党员必须无条件地服从党对于他的工作分配，纠正某些党员不愿参加经济和技术工作及分配工作时讨价还价的现象。第四，一切在经济和技术部门中服务的党员，必须向非党的和党的专门家学习。他们的责任是诚心诚意的学习和熟练于自己的技术，使各部门建设工作获得发展，同时使每个党员获得在社会上独立生活所必需的技能。第五，党必须加强对经济和技术部门工作中党员与非党员的领导，照顾他们的政治进步，并在各方面帮助他们。

FROM ABSORPTION TO INNOVATION-DRIVEN
从"大胆吸收"到"创新驱动"

第三章
向科学进军：第一次全面规划科技发展

新中国成立伊始，随着政治经济环境的稳定，中国的科技活动开始步入新的正常的轨道。但是，中国面临着严峻的国内外形势，国家内部经济凋敝，百废待兴。在此背景下，科技发展缓慢，技术人才相当缺乏。当时，有成就的自然科学家在全国范围有六百余名，但是从事科学技术方面的人才还不到五万人，在为数不多的科研机构中多数也只有空架子[15]。科研经费极其短缺，这些现实的情况远远不能满足加强国家建设、抵御潜在的外来威胁、发展经济的要求。

在国际上，这个时期，科学技术政策已正式登上政府决策的舞台。1945年美国政府部门发表的两份报告，成为美国第二次世界大战后科技政策的起点。一份是美国科学研究开发局向美国总统提交的报告《科学——无止境的前沿》，另一份是美国总统科学研究审议会发表的《科学与公共政策》。这两份报告不仅强调了基础研究是国家的宝贵资源，也强调了科技政策的综合性，并催生了1950年美国国家科学基金会的成立。其他国家也开始关注科技政策，并成立相应政府部门，如法国和联邦德国分别于1958年和1962年成立了科学研究部。

计划经济下的快速启动

1949年9月，在中国人民政治协商会议第一届全体会议上，通过了起临时宪法作用的《共同纲领》。《共同纲领》第43条规定："努力发展自然科学，以服务于工业、农业和国防的建设。奖励科学的发现和发明，普及科学知识。"第47条规定："注重技术教育，加强劳动者的业余教育和在职干部教育，给青年知识分子和旧知识分子以革命的政治教育，以适应革命工作和国家建设工作的广泛需要。"《共同纲领》规定的就是开国之初科学工作的总方针，力求学术研究与实际需要密切配合，使科学能够真正服务于国家的工业、农业、国防建设和人民的生活[14]12。在那个时代，人们能够认识到自然科学对经济发展的服务作用，在政策层面已经是巨大的进步，既没有条件去区分自然科学和技术研发的不同规律，也更不可能了解到从科学到最终实现创新这一过程的复杂性。

在此背景下，中国政府迅速建立了国家级的科研机构和科技管理机构。通过接收原中央研究院、北平研究院及其所属机构，在1949年11月1日成立了中国科学院，归政务院文化教育委员会直接领导；郭沫若任院长，李四光、陶孟和、竺可桢、陈伯达任副院长，这就奠定了国家科学研究体制的基础[14]10。自此，中国科学院成为中国最主要的政府研究机构。1956年，又成立了国家科学技术委员会①，之后，国家科协、中国气象局和国家地质部等机构相继成立，成为政治精英决策的"智囊团"。

现在，常常听到对科技人员重视不足的抱怨，实际上，中央政府早期出台的科技政策便是针对科技人员的奖励和激励政

---

① 国家科学技术委员会（State Scientific and Technological Commission，简称国家科委），是中华人民共和国国务院曾经存在的一个部门，管理国家科技事务。中国最早于1956年成立了科学规划委员会和国家技术委员会，1958年，两个委员会合并为国家科学技术委员会，1970年与中国科学院合并，1977年9月再度成立国家科学技术委员会，1998年，改名为科学技术部。

策。新中国成立初期，政府就非常重视通过科研奖励政策和制度激励科技人员的工作积极性。1950年8月份，中央人民政府第45次会议发布了《政务院关于奖励有关生产的发明、技术改进及合理化建议的决定》，并批准了《保障发明权与专利暂行条例》。这些条例和办法对奖金的计算做了非常详细的规定。1955年颁发了《中国科学院科学奖金的暂行条例》，并成立了"中国科学院奖金委员会"，条例规定："凡中华人民共和国公民的科学研究工作或科学著作，在学术上有重大成就或对国民经济、文化发展具有重大意义的，不论属于个人或集体的，均可按条例的规定授予中国科学院科学奖金。"[16]

科学院在新中国的科技发展中起到了支柱作用，1951年3月，《关于加强科学院对工业农业卫生教育国防各部门的联系的指示》发布，要求科学院与各部门科研机构加强联系，并做了具体规定：各部门专业会议与科研有关者，应邀请科学院派专人参加，并将主要内容尽早通知科学院；各部门科研机构在制订科研计划时，应与科学院联系，科学院尽量在业务与技术上给予指导和帮助；科学院还应注意有系统地宣传中外科研成果并建议各部门选择采取；科学院应注意有系统地调查各生产部门对科研的需要，并力求使自己与全国科研人员的工作计划适应这些需要[14]20。这就从政策上保证了科研能够联系实际，配合国家各项建设，对国民经济的恢复和发展起到了推动作用。1954年3月，中共中央发布了对中国科学院党组《关于目前科学院工作的基本情况和今后工作任务给中央的报告》的批示，这是"新中国成立以后全面奠定党的科学政策初步基础的第一个文件"[14]13。这些政策，可以看作是中国成果转化和产学研合作的雏形，由于在单一的计划体制下，这种合作只是单纯业务层面的合作，远远达不到市场机制下的技术合作。

这个时期，中国形成了高度集中、统收统支的财政管理体制。1950年3月进行了统一全国财政经济工作，将制定财政政策和财政制度的权限集中在中央，财力也集中在中央。在财政收入方面，除地方税收和其他零星收入抵充地方财政支出外，其他各项收入均属于中央财政收入，一律解缴中央金库；在财政支出方面，各级政府的财政支出，均由中央统一审核，逐级拨付，地方组织的财政收入同地方的财政支出不发生直接联系[1]69。这种财政管理体制的形成，也使得中央政府的财力大幅提高，在科技投入方面为后来1956年的科技规划及系列政策的实施提高了财力上的保障。

也是在这个时期，无论是法律层面和政策层面，都为科技发展奠定了基础。在法律层面，1954年，《中华人民共和国宪法》颁布，在第九十五条中保障公民进行科学研究的自由。实际上，在当时的条件下，没有政府的支持，个人难以有开展科学研究活动的基本条件。但是，这种表述为各种类型的科研活动提供了基本的法律保障。党和政府制定了积极的科技政策，为以后科技政策的制定奠定了良好的基础，最大限度地利用了有限的资源，实现了科学技术的发展。到20世纪50年代中期，全国科学技术人员已增加到40多万人，比1947年增加了8倍；科研机构发展到840多个，比1947年增加了20倍[17]。

向科学进军

1953年，中国开始了大规模的经济建设，为加快实现工业化的速度，选择了重工业优先发展战略，允许自由市场发展的新民主主义经济体制显然不能适应这一战略，于是新民主主义经济体制被放弃，中国走上了苏联模式的社会主义道路[1]7。所谓苏联模式，从经济上来看，表现为一个高度集中的计划经济体制，它以国家政权为核心，以党中央为领导者，以各级党组织为执行者，以国家工业发展为唯一目的，以行政命令为经济政策，以行政手段为运作方式。限制商品货币关系，否定价值规律和市场机制的作用，用行政命令手段管理经济，把一切经济活动置于指令性计划之下[1]6。实施"苏联模式"的前提，就是社会主义改造的完成。

1954年召开的第一届全国人民代表大会，第一次明确提出要实现工业、农业、交通运输业和国防的四个现代化的任务，1956年又一次把这一任务列入党的八大所通过的党章中。1963年1月29日，周恩来在上海科学技术工作会议上讲话指出：我们要实现农业现代化、工业现代化、国防现代化、科学技术现代化，简称"四个现代化"。

1964年12月第三届全国人民代表大会第一次会议上，周恩来根据毛泽东建议，在政府工作报告中首次提出，在20世纪内，把中国建设成为一个具有现代农业、现代工业、现代国防和现代科学技术的社会主义强国。这里的科学技术现代化，就是要把世界科学最先进的成就介绍到中国各个部门中来，用世界最新的技术把中国各个方面装备起来，使中国在科学技术方面达到国际先进水平。

这个时候，中国政府开始制定科技发展规划。1956年，中国共产党领导的对农业、手工业和资本主义工商业的社会主义改造基本完成，为了集中力量发展经济，对技术能力的提高开始进入中央政府的议程。1956年1月，党中央发出了"向科学进军"的号召；同年，毛泽东提出了"全面规划，加强领导"的思想，在国务院会议上提出，"我国人民应该有一个远大的规划，要在几十年内，努力改变我国在经济上和科学文化上的落后状况，迅速达到世界上的先进水平"。

经过全国600多位科学专家的共同努力，新中国第一个科学技术发展远景规划，即《1956—1967年科学技术发展远景规划纲要（修正草案）》成功颁布。从此中国的科学技术事业有了一个长期、全面的规划，这是中国科学技术史上的一件大事。1956年规划提出12个重点任务，对全国科研体制、人才使用方针、机构设置等做了规定，其中重点是国防科技研究。可以看出，这个时期的科技规划，主要参与者是科学专家，也就是说，这个时候的科技决策共同体，基本完全是由科学界的人员组成。后来到1994年6月3日，中国工程院作为中国工程技术界最高荣誉性、咨询性学术机构，在北京成立。这样，在中国科技政策的决策共同体中，高层次的工程技术专家，也作为一个独立的团体加入进来。

1956年3月，国务院成立了科学规划委员会，负责科学规划工作。同年6月，又成立了国家技术委员会，组织全国技术工作。

在进行科学规划时,大多数科学家和有关单位干部主张建立一个常设的高级协调机构,协调监督规划的执行。至于由什么机构来负责,曾考虑由国家计划委员会,或经济委员会,或国家技术委员会,或科学院来担负这一任务,但又都觉得不合适,最后决定把规划委员会改为常设机构。1957年5月12日,国务院确定科学规划委员会是掌管全国科学事业方针、政策、计划和重大措施的领导机关。1958年11月,国家技术委员会和国务院科学规划委员会合并为中华人民共和国科学技术委员会(简称国家科委),聂荣臻副总理兼任主任。国家科委成为主管全国科学技术方针政策的职能机构。至此,新中国科学的国家化最终完成[14]34-35。

中央的高度重视和强有力的组织领导,保证了中国第一个科技规划制定工作的顺利进行。规划由周恩来总理亲自主持,三位副总理具体领导,并汇集各部门的高层领导。在规划制定过程中,争论的焦点集中在三个问题上:第一个是关于"重点发展,迎头赶上"的方针问题。一部分科学家不赞成,说"重点发展,把一般丢了怎么办",主张改为"重点发展,推动全面,加强基础,迎头赶上"。最后周恩来指示说:"我们要尽量瞄准世界先进水平,不失时机地迎头赶上去,而目前国力有限,如果平均用力,哪一个都搞不好,只能是'重点发展,迎头赶上'。"这样才初步统一了意见。

第二个是关于"以任务带学科"的规划原则的争论。一种意见是按任务来规划,即按照经济建设对于科技提出的任务来制定;另一种是按学科规划,这是中科院院长顾问、苏联人拉扎连科介绍苏联制定规划的方法，即按数学、物理、生物等规划。中科院的杜润生综合两个方法，提出"以任务为经，以学科为纬，以任务带学科"的原则。但是，一部分老科学家，特别是搞基础研究的老科学家仍不同意。他们担心可能造成忽视基础研究的后果，并提出任务带动不了的学科怎么办的问题。最后汇报到周恩来那里，周恩来指示在原来规划的56项重大科技任务后加上第57项"现代自然科学中若干基本理论问题的研究"，并且将其列入重点任务，统一了大家的意见。

基础研究的学科布局，是历次规划关注的议题之一。随着对经济产出贡献的关注，科技政策中对基础研究的设计和实施，在较长一段时期内是难以有能力给予有力支持的。这种状况在国家自然科学基金、国家基础研究计划（"973计划"）等出台后才有所转变。直至2000年以后，关于对基础研究投入的讨论也一直是科技政策中的热点议题之一，但是随着中国在国际上经济地位的变化，围绕基础研究政策制定要考虑的因素已经发生了很大的变化。

第三是科学院与高校谁是科研中心之争，即是实行把科研中心放在高校的英美体制，还是实行法、苏那样以国家科学院为中心的大陆体制。中国实际上采取了后者，以科学院为火车头。但在当时是一个大争论，最后还发生了"二龙（聋）戏珠"的争论。那是规划快搞完时，当时的高等教育部部长杨秀峰和科学院院长郭沫若到毛泽东那里汇报，两人就此问题发生了争论。两人都耳聋，站起来大声争吵。杨秀峰特别对科学院从高校拉人不满。毛泽东坐在那里听着直笑，最后说："划个三八线吧，不要再争了。"意思是科学院是火车头还是定下来，不要从高校拉人了，也应该重视高校的科研工作。正是这种充分讨论，保证了规划的科学性。苏联顾问拉扎连科称赞说："像这样一个全面的科学规划，又采取这种民主议事方式，工作的本身就是先进水平，苏联都不曾如此举办过。"[14]12

当时，针对科技人员所面临的政治身份上的压力，也出台了重要的政策。1961年6月，国家科学技术委员会党组和中国科学院党组提出《关于自然科学研究机构当前工作的十四条意见（草案）》（简称《科研工作十四条》），同年7月中共中央批准试行，后来被称为科学工作的第一部"宪法"，是第一个全面系统的科技政策文件，是全国总结经验的产物。

《科研工作十四条》中最重要的是知识分子政策，从对中国知识分子阶层做出正确的政治判断，到保障他们的科学研究工作条件，必要的选题自由度，科研机构中党的领导体制和责任，甚至还明确提出中国的知识分子"初步红了"，提出了要保证科技工作者有5/6的工作日用于科学研究。科研活动的时间问题，在当时进行了很大的争论。整天搞政治运动，开批判大会，写大字报，哪还有精力和时间做学问、搞研究[18]。

这个时期形成了一系列重大成就。核心是"两弹一星"成就，"两弹"中的一弹是原子弹，后来演变为原子弹和氢弹的合称，另一弹是指导弹；"一星"则是人造地球卫星。1964年10月16日中国第一颗原子弹爆炸成功，1967年6月17日中国第一颗氢弹空爆试验成功，1970年4月24日第一颗人造卫星发射成功。此外，还有人工合成结晶牛胰岛素，成功培育出杂交水稻等，这些科技成就已经接近世界水平。

当时的科技活动采取的是举国体制。举国体制一词最早被用来概括中国体育界的工作体系和运行机制，用于统一动员和调配全国资源来获得比赛的好成绩。举国体制也存在于国防建设、突发事件应急处理、重大工程建设等众多领域，如"两弹一星"、抗疟药物研制、载人航天等。发挥举国体制的优势推动科技创新，是新中国成立以来重大科技活动组织实施的重要经验。

以国防建设为中心和计划经济的时代背景下，科技政策具有明确单一的目的性和指向性，在当时的历史条件下，加强国防，恢复国民生产，解决人民的温饱问题是巩固新兴的社会主义政权的重要手段，科技政策的制定都是以实施上述手段为出发点和最终归宿的。

值得一提的是，1958年至1960年是"科技大跃进"的阶段，科技跃进包含以下内容：思想跃进（这是科技跃进的前提）；科技发展中的浮夸和献礼；用群众运动的方式大搞科技革命和技术革新[14]39。"科技大跃进"的一个特点是大搞全民技术革命运动。1960年3月22日，中共中央批转《鞍山市委关于工业战线上的技术革新和技术革命运动开展情况的报告》，批示要求全国的大中企业要向鞍钢学习。按照以上的要求，全国各地区、各部门迅速掀起了一个全民性的技术革新和技术革命运动的热潮。搞技术革新和技术革命本身没有错，问题是这个时期开展技术革新和技术革命运动，是通过瞎指挥，不尊重科学，急于求成，浮夸来搞的[1]95。

在当时，科学技术活动基本上都是由财政支持开展的。有了科技成果产生的基础，对成果的评价就成为不可回避的政策议题。1961年4月22日，国务院全体会议第一百一十次会议通过发布试行《新产品新工艺技术鉴定暂行办法》。这个办法提出，新产品、新工艺的技术鉴定，采取分级负责的办法。按项目的重要性和涉及面大小，分为国家鉴定、部鉴定、地方鉴定和基层鉴定四级，国家级由国家科学技术委员会组织鉴定，特别重大的项目，鉴定后应当报国务院批准；部级由国务院主管部门组织鉴定；地方级由省、自治区、直辖市人民委员会组织鉴定，或者委托所属的科委，有关厅（局），市、县人民委员会组织鉴定；第四级是由企业、研究设计机构、学校、人民公社等基层单位组织鉴定。

根据这个办法，凡是经过鉴定的新产品、新工艺，都应当对其技术上的成熟程度、经济上是否合理、应用的范围和条件等做出结论，提出可否推广的建议，并且指出进一步改进提高的方向。经过鉴定的新产品、新工艺，凡是技术上成熟、经济上合理的，都必须做出定型结论，以便推广；尚不具备定型条件的，则应当继续进行试验、改进、提高，促使其迅速完善。

在计划经济条件下，这项政策推动了科学技术成果评价、推广应用的组织化和标准化水平，使得新技术、新工艺等术语从中央到基层开始成为政策语言，技术与经济的结合有了务实的政策载体，也使得科学技术成果有相对稳定并能反映客观水平的展示机制。

第三章 向科学进军：第一次全面规划科技发展

早期的技术引进

在奠定科学技术制度基础的同时，中国也特别注重通过技术引进来快速提高技术能力。这个时期的技术引进措施，生产应用的导向特别明确，并对所引进的技术进行了充分的吸收。在"一五计划"期间（1953—1957年），中国先后分三批从苏联进口156个项目的技术和成套设备。苏联承担了交付设计、供应设备、提交技术资料、派遣专家和接收实习生五个方面的义务，五年中有8500名苏联专家来到了中国。1950—1953年，中国也向苏联及东欧社会主义国家派遣留学生1700多名[14]18。

这些引进的技术设备，在社会主义建设中曾起了重要作用，奠定了社会主义工业化的初步基础，提高了工业技术水平，加快了工业发展速度，增强了自力更生的能力。《剑桥中华人民共和国史》中评论道：苏联技术援助和资本货物的重要性无论如何估计也不为过，设计能力的转让在技术转让史上前所未有。有学者认为，二战后东西方阵营先后开展过两个规模庞大的国际援助计划，一个是美国重建欧洲的"马歇尔计划"，另一个则是苏联援助中国工业建设[19]178。在苏联援助中国建设的项目中，有相当大部分的机器设备和工作量是由中国自己设计制造完成的[1]60。

20世纪70年代后期，当中国决定实行"开放政策"时，主要的原因之一是寻求外国的技术和管理方法，以推动中国经济、改善中国人民的生活状况。同时还预期，通过鼓励中国科学家到国外学习和工作，引进外国知识、技术、组织和管理经验。这些预期的目标都实现了,而且其规模是15年前无法想象的[20]17。

三线建设

三线建设是中国经济史上一次大规模的工业迁移过程，指的是自 1964 年开始，中华人民共和国政府在中国中西部地区的 13 个省、自治区进行的一场以战备为指导思想的大规模国防、科技、工业和交通基本设施建设。三线建设的背景是中苏交恶和美国对中国东南沿海的威胁。

1965 年，"三线"建设拉开帷幕，1966 年大规模展开，形成"三线"建设的第一次建设高潮。西北、西南三线部署的新建、扩建、续建的大中型项目达到 300 余项，涉及钢铁、有色金属、石油、化学、建材、纺织、轻工等工业，以及铁道、交通、民航、水利等工程，其中重要项目有攀枝花钢铁工业基地，成昆铁路，以重庆为中心的常规兵器工业基地，以成都为中心的航空工业基地，以重庆至万县为中心的造船工业基地，陕西的航空工业、兵器工业基地，甘肃的航空工业基地、酒泉钢铁厂等[1]147。从 1964 年到 1980 年的 17 年间，中央政府把计划内 50% 的工业投资和 40% 的设计、施工力量投入到三线建设中，累计投入资金 2052 亿元，建成了 1100 多个大中型军事和重化工项目[19]185。

"三线"建设促进了这些内陆地区的科技进步，给这些地区后来发展带来了机遇。攀枝花、六盘水、十堰、金昌等过去是人烟稀少的荒山僻野，现在成为著名的新兴工业城市。伴随着铁路的开通，矿产资源的开发，科研机构和大专院校的内迁，使长期不发达的内地和少数民族地区涌现了几十个中小工业城市[1]149。这改变了中国科学技术资源的空间布局。在中国的科学技术政策中,并不怎么关注空间布局的变化,这其中有体制性的原因,如科研基础设施建设投入和研发项目投入分属不同的政府部门;也有客观规律的原因,科技人力和物力作为优质的生产资料,是自然而然地向经济发达地区流动和聚集的。

实际上,对于是否应该关注空间布局、如何布局是一个到今天也没有明确共识的议题。从技术上来看,这种空间布局要更多依靠市场,但从科学上来看,国家层面的统筹协调也不可或缺,"三线"建设便是很好的例证。如果没有当时这些科研机构、大学的内迁,这些区域的工业甚至城市化进程都会受到很大影响。面向未来发展,即使现在有新的投资和产业转移的机遇,这些地区也会因缺乏必要的技术和产业承接能力而与机会失之交臂。

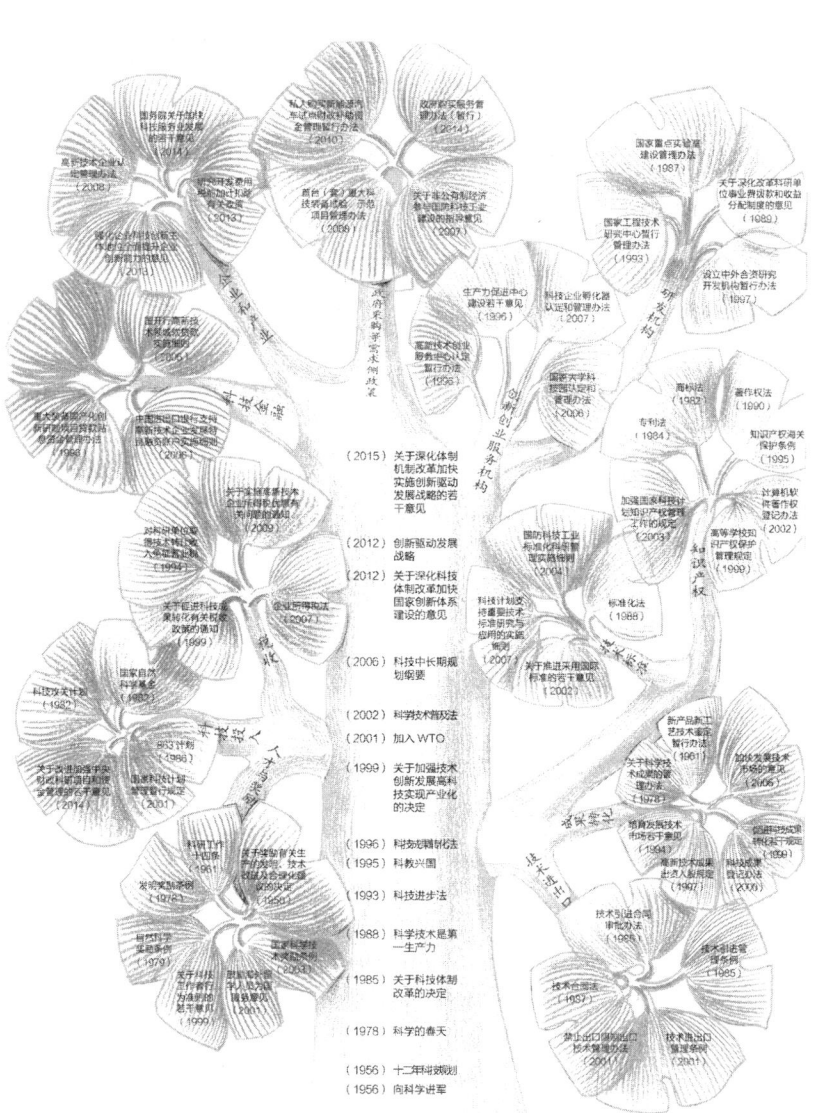

FROM ABSORPTION TO INNOVATION-DRIVEN
从"大胆吸收"到"创新驱动"

第四章
改革前夜：蹉跎后的再认识

正当中国的科技体制初步形成时，由技术引进带动的快速技术进步被"文化大革命"打断了，中国的科技体制也受到了很大的冲击。但值得一提的是，这十年间，政府在科技领域并非完全无所作为，在政治和经济环境都十分艰苦的情况下，仍然通过技术引进的政策措施保持着中国与国际先进水平的联系。

科技进步进程受阻

"文化大革命"时期，计划经济体制的弊端更加凸显。虽然通过举国体制和计划的方式，能够在短时期获得预期效果，体现出一些相对优势。但是，一旦扩散到更广范围的经济领域，在当时的计划经济体制下，很难面向产品组织起有效率的研发活动。

"文化大革命"期间，科技政策受到了严重的"左倾"影响。科技人员受到歧视，许多学有所成的留学归国知识分子，在"文化大革命"中受到严重迫害[22]。"文化大革命"之后，中国工业的技术水平面临着难以想象的窘境。大约在1978年，一位日本记者在重庆钢铁厂采访时发现，这家年产30万吨原钢的工厂，使用的设备全都是20世纪50年代之前的，最令人惊异的是一台140多年前制造、清末张之洞从英国为汉阳兵工厂引进的蒸汽式轧钢机竟然还在使用[23]。厂长对此的解释为："因为质量好，所以一直在用。"其实，从1965年开始，这家工厂就不断向上级打报告，要求进行技术改造，淘汰这台机器，但报告打了13年，上级还没有批准。对计划经济时代这种妨碍和扼杀企业技术进步的现象，孙治方称之为"复制古董"，是计划经济体制的主要弊端之一[21]4。

"文化大革命"结束时，中国的科学技术落后于发达国家40年左右，落后于韩国、巴西等发展中国家20年左右。20世纪50年代到70年代，各发达国家科学技术进步对经济增长的贡献率，分别从20世纪初的10%提升到50%～70%，而中国科学技术进步对经济增长的贡献率，则从1952—1957年的27.78%下降到1965—1976年的4.12%[24]。相比较而言，1998—2003年中国的科技进步贡献率达到了39.7%，2007—2012年中国的科技进步贡献率达到了52.2%。尽管计算方法不同，但这种天壤之别的差距也可以体现出，当时的经济发展方式已经远远落后于主要发达国家。

科技要复兴

"文化大革命"严重阻碍了中国科技事业的发展。1972年中美邦交关系正常化前后，周恩来认识到需要交流的领域第一个就是科学技术。当时美国的科学访问团来中国，周培源也带队到美国，应该说，科学技术在当时是走了交流的第一步。后来因为"批林、批孔、批周公"，科技事业的整顿恢复工作一直推到1975年才能进行。这一年邓小平接替周恩来的工作，开始整顿，派万里去整顿铁路，派胡耀邦、李昌到科学院。胡耀邦在科学院工作了120天，时间不长，但是深得人心。当时他着重抓两件事，第一件事，是他每周都要到两三个研究所调查情况。

每到一个所前,他会先派人了解一下情况,然后很有针对性地讲话。第二件事,是胡耀邦、李昌、王光伟三人于1975年8月17日联名向中央上报了《关于科技工作的几个问题(讨论稿)》,后改称《科学院工作汇报提纲》[14]77。汇报提纲最具价值之处是在当时"左倾"思想占主导地位的情况下,有针对性地批判了"左倾"科技政策的主要内容,显示出作者的胆识和勇气。《汇报提纲》指出,生产斗争不能代替科学实验,批驳了当时流行的"开门办科研"。认为"决不能否定和取消实验室的研究工作,不能不加区别地要求任何科学研究都要实行以工厂、农村为基地的三结合"。《汇报提纲》批驳了科学研究中急功近利的观点,认为不能把理论研究说成是"三脱离"。

《汇报提纲》的出现是在"文化大革命"的恶劣环境中,重新复兴中国科学的第一步,其中明确肯定了二十几年来中国科学事业取得的成就。1975年10月中国科学院青年团召开"长征"40周年纪念会,胡耀邦做了很感人的讲话。他说:"毛主席现在要领导我们全国人民再干一件惊天动地的事情,要进行一个新的长征,这个新的长征是什么呢?这就是毛主席号召我们的,要在本世纪末实现四个现代化,把我们可爱的祖国建设成为伟大的社会主义强国。离21世纪还有25年,今年我60岁,等到世纪末的时候,我希望我能够挣扎着活到那个时候,我们可以看到中国科学的发展,看到'新长征'的成功,那时我老了。如果再开庆祝会,能够让我坐在台子边上看看你们庆祝,我就很高兴了。"全场鸦雀无声,很多人深受感动,流下了激动的热泪[18]。

持续的技术引进

1963年至1966年,中国政府先后同日本、英国、法国、意大利、联邦德国、瑞典、荷兰等国,签订了总价值为2.8亿美元的80多项工程的合同。这些合同,主要是1000万美元以下的中小型项目,但多数都是中国所缺乏的关键性先进技术[1]154,157。因此,"文化大革命"期间,中国所获得的宝贵的技术进步,是通过技术或相关工业设备引进的方式获得的。

1972年1月22日,李先念向周恩来报送国家计委《关于进口成套化纤、化肥技术设备的报告》。1973年1月5日,原国家计委向国务院提交了根据周恩来的指示和意图拟定的《关于增加设备进口、扩大经济交流的请示报告》。建议在未来三五年内,从日本、联邦德国、英国、法国、荷兰、美国等国家,引进一批大型化肥、化纤、石油化工产品成套生产设备,综合采煤设备,电站设备和一米七轧机等技术比较先进的机器设备。初步匡算,引进这批设备,约需43亿美元。出于43这个数字,这个计划后来被称为"四三方案"。最后的引进规模仅为计划用汇额51.4亿美元的77%,合计为39.6亿美元。"四三方案"是新中国初次大规模从西方资本主义国家引进先进技术设备。这时候,更关注对于制造技术的引进,而对先进管理方法的借鉴学习重视不够,甚至有所忽视。

1977年7月,原国家计委曾向国务院提出今后八年引进新技术和成套设备的规划。按照这个规划,今后八年的引进任务所需外汇为65亿美元,国内配套工程的基建投资为400亿美元。

仅仅过了一年，在不断升温的"跃进"气氛中，这个尚未落实的引进规划又被大规模修改了[1]179。

1977年7月17日，国家计委根据《1963—1972年科学技术发展规划纲要》的要求，首先向国务院呈报了《关于引进新技术和进口成套设备规划的请示报告》，即"八年引进规划"。"规划"提出，为加快实现四个现代化的进程，有计划、有重点地引进一批新技术和先进的成套设备，突出解决国民经济中的关键问题。规划匡算认为，8年中引进的项目包括轻工业、石油工业、煤炭工业等共需外汇65亿美元。1977年7月26日，中央政治局听取并原则批准了这个规划。邓小平提议：引进还可以加一点，譬如搞100亿美元也可以。到1978年3月，中央国务院又原则批准了一批追加项目，引进规模扩大到180亿美元[21]74-75。这种快速吸收先进技术和经验的思路，为改革开放之初经济建设走上正轨做出了思想上的铺垫。

在改革开放十多年后的1992年，邓小平在视察南方时对当地官员说："社会主义要赢得与资本主义相比较的优势，就必须大胆吸收和借鉴人类社会创造的一切文明成果，吸收和借鉴当今世界各国包括资本主义发达国家的一切反映现代社会化生产规律的先进经营方式、管理方法。""我们不仅因为今天科学技术落后，需要努力向外国学习，即使我们的科学技术赶上了世界先进水平，也还要学习人家的长处。"从这个意义上来看，在新中国成立之后的不同阶段，中国的科技在坚持自力更生的同时，始终保持着开放的心态和做法，只是在改革开放之前受到了太多意识形态的影响。

科学技术是生产力

1977年7月，中共十届三中全会通过了恢复邓小平领导职务的决议。邓小平恢复工作后，由于他的领导作用，各条战线都出现了新的面貌。邓小平对科学和教育给予了非常大的关注，"他知道中国需要提高普通民众的科学知识水平，但他关注的是更高的目标，即能够取得科学突破，推动工业、农业和国防现代化的基础研究，要赶上世界先进水平"[25]。在1978年3月召开的全国科学大会开幕词中，邓小平提到了科学技术是生产力，后来这一论断进一步被提升为"科学技术是第一生产力"。

他在复出之初，就提出了改善科研人员条件、提高科学水平的计划。要从科技系统中挑选出几千名尖子人才，这些人挑出来之后，就为他们创造条件，让他们专心致志地做研究工作。生活有困难的，可以给津贴补助。现在有的人家里有老人孩子，一个月工资几十元，很多时间用于料理生活，晚上找个安静的地方读书都办不到，这怎么行呢？当时，邓小平知道知识分子对仍要花大量时间参加劳动和政治学习感到不满，因此做出一条规定，科技人员每周6个工作日中至少要有5天用于基础研究。同时，他认为不能置理论专家于不顾，只赞扬那些生产第一线的技术人员。在他看来，从生产单位固然可以造出一些科学家，但从事尖端科学和基础研究的大多数人肯定是出自大学。

在会见李政道、杨振宁、丁肇中等华裔诺贝尔奖获得者时，他提出的问题始终如一：中国能为提高自身的科学水平做什么？他对科学在中国的复兴中能起的作用有着近乎着魔的信念。有人问他，中国的现代化努力刚刚开始，为什么要花那么多钱搞离子加速器？他说，为了促进中国科学的发展，必须向前看。

走出国门的震撼

改革开放之前的1978年，全国掀起了一股声势浩大的出国考察热潮，其中大多是国务院安排的，如原轻工部派人去美国、联邦德国、日本、英国，经济贸易委员会派人去英国、法国、日本等。据当时的国务院港澳办公室统计，仅从1978年1月至11月底，经香港出国和去香港考察的人员就达到529批，共3213人[21]16。这些考察活动给考察人员留下了一系列的强烈印象，比如，无论从经济总体发展水平、老百姓生活水平还是发展理念方面，都没想到当代世界现代化会发展到如此程度，中国与发达国家之间的发展差距会如此之大。这些印象中，尤其给代表团造成冲击的是，国外对科学技术的重视。

在《谷牧回忆录》中提到，西欧五国考察团发现，欧洲国家之所以能在一二十年内实现国民经济的现代化，科学技术起了关键作用。他们的做法有：政府和大企业都设立专门的科研机构，投入大量的研究经费；都积极从别的国家引进先进技术和专利；都非常注重职业教育和技术培训，提高管理技能。欧洲经济的现代化，实际上是一次新的科技工业革命，中国也必须进行这样的革命[26]。

在20世纪70年代后期，邓小平本人也多次出访，对中外之间技术和经济的巨大落差有着深刻的印象。1978年10月，邓小平在日本访问乘坐新干线时，他应日本记者之请谈了感受，他说："就像推着我们跑，我们现在很需要跑。"同年11月，他在新加坡访问时，对中国驻新加坡机构主要负责人谈到了访日感受，说："本来长得很丑，为什么要装美人呢？苏联就吃这样的亏，自以为什么都是自己的好，其实农业、技术都很落后，结果是自己骗自己。"1979年初，他又到美国访问了福特汽车厂、波音公司、约翰逊航天中心等大型现代化企业，这再次给邓小平留下了深刻的印象，当有人问他视察的感受时，他回答很有收获，不虚此行。

　　这里，之所以大篇幅引用当时对邓小平出访的报道，是因为作为发展中国家，对科技的关注是奢侈品，科技投入更是稀缺资源，不像财政、税收、农业、国防等维持经济社会基本运行所需的政策，除非引发最高决策者的关注和感慨，一般难以自然而然进入决策视野，更不要说获得决策所需要的各界共识。这一次，正是邓小平等决策者们直接到国外访问、对发达国家有切身感受和了解，才"由上至下"推动了政策的形成，而且，不仅仅是引发了新中国成立以后第一轮的科技政策高峰，对技术进步的关注，更是提供了中国全面改革开放的逻辑起点，启动了中国整个改革开放的进程。

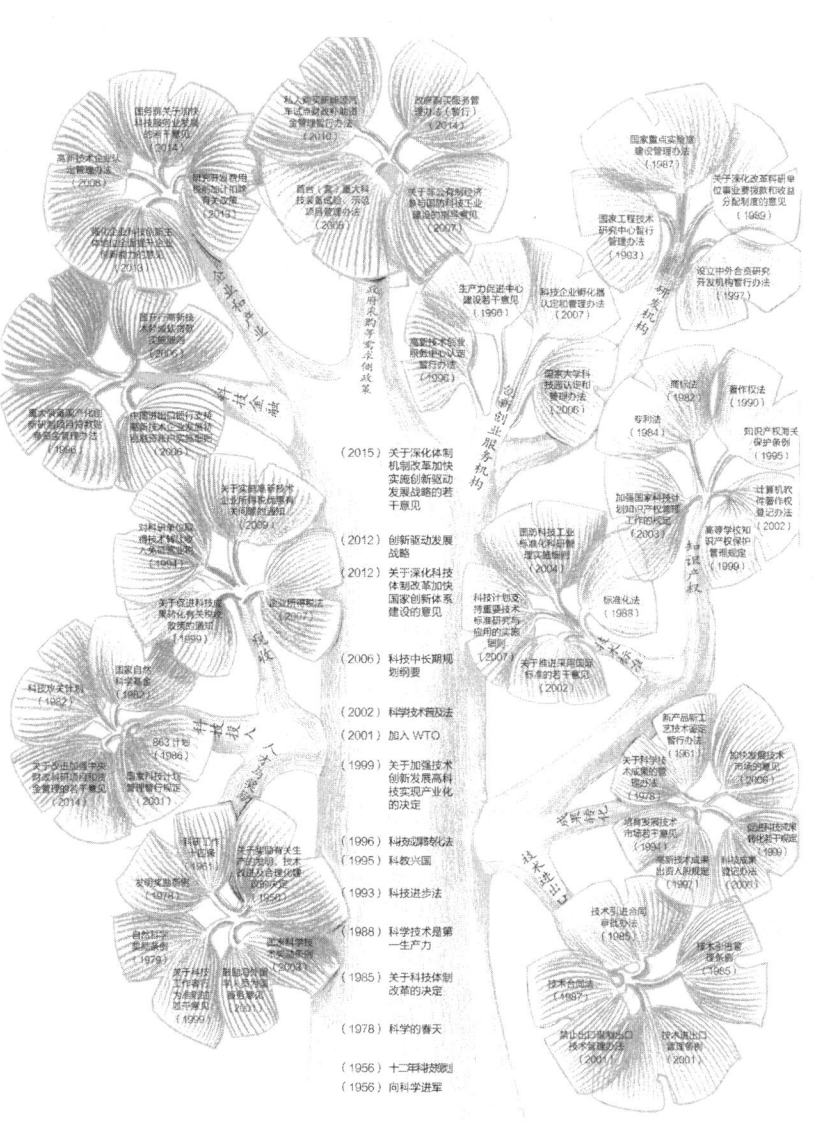

FROM ABSORPTION TO INNOVATION-DRIVEN
从"大胆吸收"到"创新驱动"

第五章
科学的春天：为科技人员"松绑"

从"大胆吸收"到"创新驱动"——中国科技政策的演化

从20世纪50年代中期到70年代中期,中国经历"大跃进"、人民公社化运动、"文化大革命"之时,美国、欧洲和日本等国家和地区,在新科技革命浪潮的推动下实现了科技和经济的迅速发展。这次科技革命,也被称为第三次科技革命,首先兴起于二十世纪四五十年代的美国,其重要特征在于,将二战期间积累的军事技术转移到民用,这使得信息技术、航空航天技术、原子能技术等快速发展并得到广泛应用。那个时期,创新系统(Innovation System)这一对科技政策具有重要指导作用的理论还没有被提出,如果按照这个理论解释,当时的现象实际上就是军用技术和民用技术融合的结果。

1978年的全国科学大会

这个时期,中国的决策者们已经对中国和发达国家科学技术的差距有了深刻的认知,并采取了行动。1978年3月18日至31日,全国科学大会在北京隆重举行。这次大会是在"文化大革命"结束不久、国家百废待兴的形势下召开的一次重要会议。大会有6000人出席,人才荟萃,是中国科学史上的空前盛会。大会通过了《1978—1985年全国科学技术发展规划纲要(草案)》,表彰了826个先进集体、1192名先进科技工作者。

在大会闭幕式上,中国科学院院长郭沫若做了题为《科学的春天》的书面发言。发言中说道,"我们可以扬眉吐气地说,反动派摧残科学事业的那种情景,确实是一去不复返了!科学的春天到来了!"

两院院士师昌绪说，30年前，"科学的春天"融化了束缚科学发展的坚冰。无论是否参加大会，大家都感到是那样振奋人心！[27]"科学的春天"是同改革开放紧密结合在一起的，在"解放思想，实事求是"精神的指导下，在改革开放良好氛围下，科学技术的发展迎来了前所未有的黄金时代。

当时的科学大会上有四个讲话，邓小平的、华国锋的、郭沫若的①。邓小平的讲话主要涉及科学技术政策，华国锋的讲话偏重于政治方面。讨论的时候，汪东兴提出："我看这个稿子马克思主义水平不高，毛主席讲了那么多关于科学技术、知识分子的话，你们不引用。"邓小平当时不说话。事后当请示邓小平如何修改时，邓小平说一个字也不要改[18]。

这一时期，基本上是针对"文化大革命"中遭受严重破坏的中国科技体制所进行的恢复元气的工作。虽然在整个过程中，有过局部的调整与创新，但总体来讲，是对"文化大革命"前奉行的计划经济体制下科技体系的恢复与重建。一大批知识分子的冤假错案得以平反，大量知识分子重新回到教学科研岗位。国家科委和地方科委相继恢复，科协和专业学会积极开展工作。1977年，高考制度恢复，工农兵大学生保送制度中止，高等教育开始走上正轨。1979年，国务院颁布了《工程技术干部技术职称暂行规定》，恢复了技术职称和职务。1980年，《中华人民

---

① 本来请诗人徐迟起草郭沫若的讲话，结果写出来很有诗意，但不太适合作为演讲，所以又请了胡平起草，就是后来的"科学的春天"。资料来源：郭田珍，胡平.《科学的春天》是怎样写成的——访原国家科委中国科技促进发展研究中心主任胡平.人民日报，2008-11-25.

共和国学位条例》颁布，恢复了学位。

科技人员作用的发挥，已经不限于科技领域，也不聚集在大城市。1983年7月，中国政府出台了《科技人员合理流动的若干规定》，提出了有计划、有步骤地促进科技人员按照合理的方向流动，即从城市到农村；从大城市到中小城市；从内地到边远地区；从科技人员富余的部门和单位，到科技力量薄弱而又急需加强的部门和单位。

随着对科技作为生产力的认知，中国当时也涌现出一批代表性的科学家。例如冶金学家陈篪，曾任鞍山钢铁公司中心试验室、金属实验室主任等职。1978年，他以断裂力学方面的研究成果获全国科学大会奖。1974年后，身患不治之症，仍坚持不懈地进行科学研究工作，被誉为冶金科技战线上的"铁人"。

十一届三中全会召开

1978年12月18日至22日，中国共产党第十一届中央委员会第三次全体会议在北京举行。这次会议在思想、政治、组织等领域进行了全面的拨乱反正，全会的中心议题是讨论把全党的工作重点转移到社会主义现代化建设上来。会议公报指出："现在，我们实现了安定团结的政治局面，恢复和坚持了长时期行之有效的各项经济政策，又根据新的历史条件和实践经验，采取一系列新的重大经济措施，对经济管理体制和经营管理方法着手认真的改革，在自力更生的基础上积极发展同世界各国平等互利的经济合作，努力采用世界先进技术和先进设备，并大力加强实现现代化所必需的科学和教育工作。因此，我国经济建设必将重新高速度地、稳定地向前发展，这是毫无疑义的。"

在这个具有时代标志意义的纲领性文件中，对科技政策定位于两个方面，一是采用世界先进技术和设备，这为后期持续的技术引进、市场换技术等政策措施提供了基础；另一个是实现现代化所必需的科学工作，这为后来一系列计划、基金的出台埋下了伏笔。

十一届三中全会做出了工作重心转移的战略决策，科技发展已经成为经济建设的决定因素。因此，对科技政策进行了重大方向性调整，要面向经济建设为生产经济建设服务、注重科技成果的商品化、加速科技成果向生产力转化的进程。

在这个时期，继1951年、1961年后，科学技术成果又一次成为科技政策的热点。1978年11月11日，《关于科学技术研究成果的管理办法》由国家科委颁布。办法中，科学技术研究成果共分三类：第一，科学成果即自然科学方面的具有创造性的理论研究成果；第二，技术成果，是使生产多快好省的新技术、新方法、新产品、新工艺；第三，重大科学技术研究项目的阶段性成果。完成科学技术研究成果的单位或个人，必须及时地按组织系统上报所取得的科学技术研究成果。通过这个政策，在成果管理中正式将科学和技术分开，这在政策理念上向前走了一大步，也意味着与改革开放同步，与经济生产相对应的技术政策开始分化出来。

这个办法中，还提到了中国科学技术情报研究所，国务院各有关部、委、局及各省、自治区、直辖市的科学技术情报研究所，均应设科学技术研究所成果管理部门，作为各级科学技术研究成果管理机构的一个组成部分，负责管理有关的科学技术研究成果。把一家机构、一类特指的机构列入政策文本的现象很少出现，在后来的1984年修订的《关于科学技术研究成果管理的规定（试行）》中也未以直接点名的方式出现。

奖励科技人员

虽然十一届三中全会公报中直接提及技术引进和科学发展，但在政策制定实施中，对科技人员的奖励走在了前面。三中全会后，中国开始实行对内改革、对外开放的政策。中国的对内改革首先从农村开始，1978年11月，安徽省凤阳县小岗村开始实行"农村家庭联产承包责任制"，拉开了中国对内改革的大幕。家庭联产承包责任制作为农村经济体制改革的第一步，突破了"一大二公""大锅饭"的旧体制。而且，随着承包制的推行，个人付出与收入挂钩，使农民生产的积极性大增，解放了农村生产力。那么，科技人员的积极性如何发挥？这个时期内，对这个问题的答案还难以来自产权层面的思考，而直接采用了奖励的方式。

1978年以来，中国政府密集出台了一系列奖励科技人员的政策，发明奖励条例、自然科学奖励条例、技术改进奖励条例、科学技术进步奖励条例、专利法等相继颁布实施。1978年国务院颁布《中华人民共和国发明奖励条例》（1999年已废止），发明项目按它的作用意义大小划分为四等奖，授予发明证书及奖章，奖金金额从两千元到两万元不等。集体发明（包括协作单位）所得奖金，按照发明者贡献大小，合理分配。个人发明所得奖金，发给个人。

1979年，国务院颁布了《中华人民共和国自然科学奖励条例》，条例规定，凡集体或个人的阐明自然的现象、特性或规律的科学研究成果，在科学技术的发展中有重大意义的，可授予自然科学奖。授予荣誉证书和奖章，奖金金额从一千元到一万元不等。各研究机构、高等院校、全国性学术团体和由副研究员或相当于副研究员以上水平的科技工作者十人以上联名，便可以进行推荐。

1982年，国务院又颁布了《合理化建议和技术改进奖励条例》，凡是职工（集体或个人）提出的有关改进生产的合理化建议或技术改进，经过实验研究和实际应用，使某一单位的生产或工作取得显著效益的，均按本条例给予奖励。被采用的合理化建议或技术改进的奖励，按年经济效果大小分为四等，100万元以上奖励1000～2000元，10万元以上奖励500～1000元，1万元以上奖励200～500元，不满1万元奖励200元以下。被采用的合理化建议或技术改进的年经济效果，从采用时起，按一年的经济效果计算。

以当时的工资水平，仅从奖金的额度来看，这些奖励是非常有吸引力的，更不用说与奖励相伴的在职称、发展机遇等方面的潜在好处。可以认为，这些奖励政策在当时有效激励了科研人员的积极性，使科技生产力在十一届三中全会后得到了第一次释放。但从另一角度看，中国针对科技奖励的政策很早，但主要是对事，而不是对人，不是对科技人员在收入方面的稳定激励机制。这种变化在成果转化的有关政策出台后，以收益权等方式得到体现。

1984年，国务院颁布《中华人民共和国科学技术进步奖励条例》（1993年6月修订），本条例奖励的范围包括：应用于社会主义现代化建设的新的科学技术成果，推广、采用已有的先进科学技术成果，科学管理以及标准、计量、科学技术情报工作等。奖励对象为在推动科学技术进步中做出重要贡献的集体和个人。国家级科学技术进步奖分为一等奖、二等奖、三等奖三个等级，分别授予证书、奖章和奖金。国家级科学技术进步奖的奖金数额，由国家科学技术委员会会同财政部另行规定。这个奖励也是国家科学技术进步奖的开始。

到1999年，国务院发布了《国家科学技术奖励条例》，确定了目前国家级奖项的类型，分别是国家最高科学技术奖、国家自然科学奖、国家技术发明奖、国家科学技术进步奖、中华人民共和国国际科学技术合作奖。这个条例发布以后，原有的《中华人民共和国自然科学奖励条例》《中华人民共和国发明奖励条例》和《中华人民共和国科学技术进步奖励条例》同时废止。

到2003年，国务院修改了《国家科学技术奖励条例》，第十三条第二款修改为："国家自然科学奖、国家技术发明奖、国家科学技术进步奖分为一等奖、二等奖2个等级；对做出特别重大科学发现或者技术发明的公民，对完成具有特别重大意义的科学技术工程、计划、项目等做出突出贡献的公民、组织，可以授予特等奖"。相对于1999年的版本,增加了特等奖的等级。

设立国家科技计划

财政投入对科技活动的直接支持,是科技政策始终围绕的主线之一,由此衍生出对投入体制、结构、科技计划管理等方面的设计。中国的国家自然科学基金和第一个国家科技计划在这个时期得以设立。1982年,中国科学院设立自然科学基金,面向全国,是国家自然科学基金委的前身。也是1982年,第一个国家科技发展计划——由计委、科委牵头的"科技攻关计划"开始实施。

值得思考的是,为什么中国早期建立了计划经济体制,但在科技领域第一个国家计划在1982年才形成?其中的原因,很大程度上是由于当时极其薄弱的科技基础,除了"两弹一星"这样的任务,在其他领域既没有专业的科研队伍,也没有财力物力条件去系统地组织研发活动。即使有一些零碎的研发成果,也很难用于生产。与其这样,一些实用技术还不如从苏联等国家引进。这在当时,是一个合理、理性的选择。只有经济发展了,有了一定的家底后,才有可能去设立科技计划。

也可以再思考,为什么后来从计划经济转变到社会主义市场经济,国家从五年计划转变为五年规划,其他领域的计划纷纷减少,科技领域以计划方式进行投入的渠道却越来越多了?除了科技活动自有的规律外,这从一个侧面也说明了在那时的体制下,科技体制与经济体制相分离,科技活动与直接的经济活动确实有距离。后来，随着研发加计扣除、后补助、贷款贴息等财税金融政策对科技活动的支持，科技投入政策开始从单一变得丰富、立体起来。

为了加强科技经费的宏观管理，合理和有效地使用科技拨款，推动科学技术工作面向经济建设，搞好科学研究的纵深配置，保证国家科学技术规划的实施，1986年1月23日，国务院制定了《国务院关于科学技术拨款管理的暂行规定》。第二条规定，从"七五"计划开始，由财政部会同国家计委，按照科技经费拨款的增长高于财政经常性收入增长速度的原则，安排中央财政支出的科技三项费用和科研事业费[①]的预算拨款额度。对列入国家计划的重大科技项目的经费支持方式，开始采取招标制和合同制。对于国务院各部门的科研事业费，自1986年起，由财政部全部拨交国家科委统一管理。国务院各部门科研事业费的年度计划，由各部门报国家科委审核后下达，抄送财政部备案。

1996年，《科技三项费用管理办法（试行）》由财政部、国家计委、国家经贸委、国家科委联合发布。科技三项费用是指国家为支持科技事业发展而设立的新产品试制费、中间试验费和重大科研项目补助费。科技三项费用是国家财政科技拨款的重要组成部分，是实施中央和地方各级重点科技计划项目的重要资金来源。科技三项费用由中央和地方财政预算按年度统筹

---

① 根据1986年国家科委、财政部《关于办理科研事业费指标划转工作的通知》的表述，科研事业费包括国务院各部门事业费中的"科学研究费"，中国科学院、中国科协、国家科委的全部科学事业费，以及原不在"科学研究费"科目开支的独立的科学研究机构经费。

安排，主要用于国家各类科研院所、高等院校及国有企业承担的国家和地方重点科技计划项目。

经济开发区与科技政策

中国科技政策的一个重要的经验，就是面向特定区域开展的政策探索。这些区域实质上不仅是产业集群，也是一种创新集群，反映了各类创新主体在一定空间范围内的关联和互动关系，既包括以产业集群为基础的高新技术产业开发区、高技术产业化基地、特色产业基地、创新型产业集群，也包括以城市或城区为载体的创新型城市、科技城等。国外所称"高科技园区"也有创新集群的特点，虽然在世界各国和地区含义大致相同，但叫法不完全一致。如美国称为"研究园区"（Research Park），英国称为"科学园区"（Science Park）或"技术园区"（Technology Park），意大利、法国称为"科技城"（Technopole/Science City），韩国称为"高科技工业园区"（High-Tech Industrial Park）等。国家自主创新示范区，各级高新技术产业开发区、经济开发区、科技园区是中国这些创新集群方面的主要类型。

1979年1月，中共中央、国务院批准了广东省和交通部的联合报告，决定在蛇口创办中国大陆第一个出口加工区——被称为"特区中的特区"和中国改革开放的"试验场"。在开发与建设过程中，蛇口工业区进行了大胆的改革探索和试验，冲破旧有的价值观念、时间观念、人才观念，提出"时间就是金钱，效率就是生命""空谈误国，实干兴邦"等口号，并在劳动用工制度、干部聘用制度、薪酬分配制度、住房制度、社会保险制度、工程招投标制度及实行企业股份制等方面进行了多项改革和创新。30年间，蛇口改革开放成绩斐然，涌现了招商银行、中集集团、平安保险等一大批知名企业。蛇口也从一个落后的海滨渔村发展成为美丽的现代化城区，成为中国改革开放历史变革的一个缩影。

1988年5月，国务院批准成立北京市高新技术产业开发试验区，后来成为中关村科技园区，这也是中国第一家国家级高新技术产业开发区。高新技术产业开发区主要依靠中国自己的科技和经济实力，通过软硬环境的局部优化，最大限度地把科技成果转化为现实生产力，面向国内外两个市场，成为发展高新技术产业的集中区域。2009年3月，以中关村高新技术产业开发区为基础又成立了第一个国家自主创新示范区。

经过三十多年的发展，这些开发区、示范区已经遍布了中国的各个省份，成为开展政策试验的重要对象。从经济开发区到高新技术产业开发区，再到国家自主创新示范区，是政府对科技创新理解不断加深的过程，也是各类配套政策持续拓展的过程。

除了国家、所在地政府出台的创新政策，这些区域也具有自身的政策特点，主要包括政策的优先性、独有性、示范性、专业性和很强的操作性。从政策类型上看，创新集群的政策包括产业（企业）准入、研发资助、成果转化、创业服务等方面。与前文所述的围绕各类创新主体的政策相比，在创新集群中，科技政策、产业政策、财税政策等结合得最为紧密，表现出相对更加完整的科技创新政策体系，如中关村国家自主创新示范区"6+1"政策和"新四条"等政策。

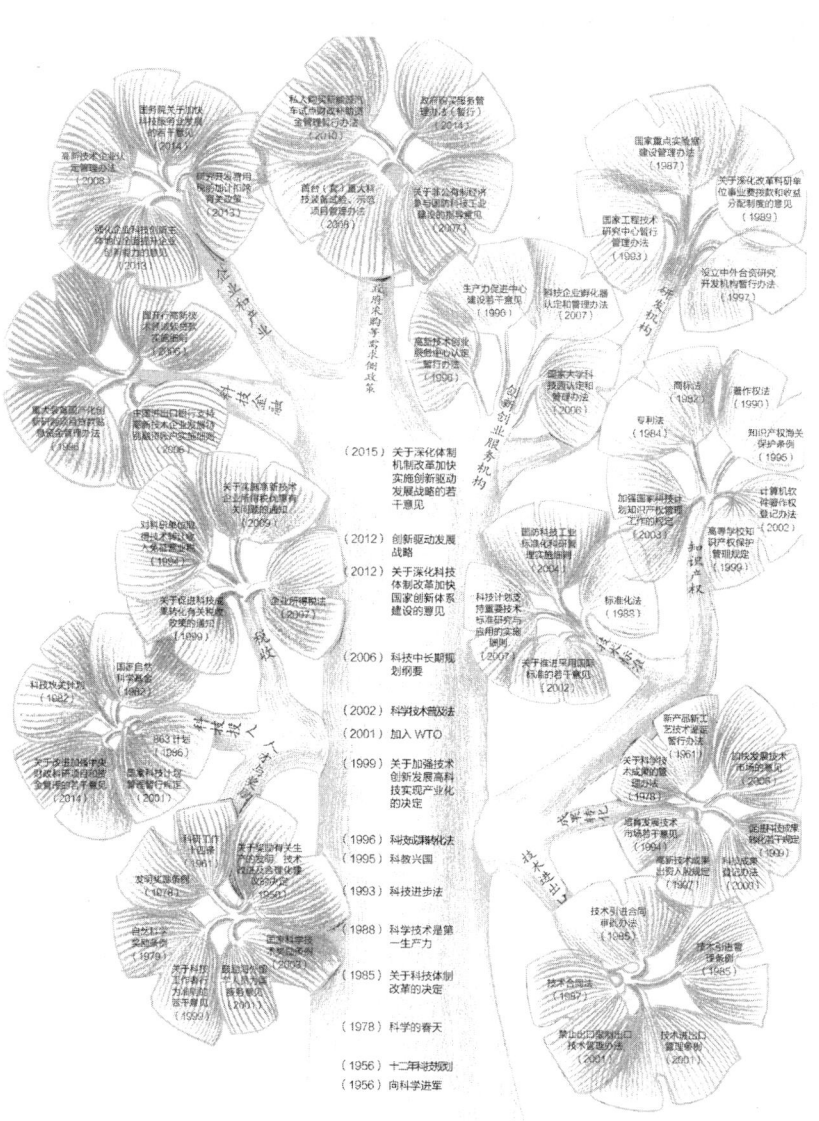

FROM ABSORPTION TO INNOVATION-DRIVEN
从"大胆吸收"到"创新驱动"

第六章
《决定》出台：面向经济建设主战场

改革开放以来，科技人员的地位得到了重新确立，但在一些分配机制上，还充满了各种各样的争议。通过知识和科研活动，科研机构如何组织管理，科技工作者个人能否受益，如何受益，这些问题在争议中开始进入政策视野。

1980年10月25日，一位叫陈春先的中国科学院物理研究所科研人员，与几位同事创办了一个别出心裁的组织——北京等离子体学会先进技术发展服务部。经考证，这是中关村第一个民营科技企业，实际上，也可以看作中国第一家民营科技企业。一些技术人员在业余时间参与服务部的业务，大都以小时来计算报酬，每人每月最多不超过30元①。这些报酬以"咨询费"或"加班费"的名义发放。当时，无论是行政还是媒体，都对此事有过激烈的争执。有人说，陈春先正在收买中国科学院的研究人员，基本方法就是恣意发"红包"，数额超过国家工资且隐匿不报[28]3。

对于科研机构而言也存在类似的困境。长期以来，由于体制上的原因，一些主管部门的工作往往只靠行政权力来指挥研究所，靠国家的事业费来管理科技工作，捆住了研究所的手脚。在陈春先创办企业的三年后，1983年，湖南省株洲市电子所在研究机构层面也启动了改革。株洲电子所改革的主要特点是，对外实行有偿合同制，对内实行课题承包制，由国家事业费开支改为经济自立。株洲电子所的改革被作为科技体制改革的方

---

① 当时，中国科学院的研究人员且工作资历超过20年，月薪可以达到105元，因此这些额外收入还是很可观的。

第六章 《决定》出台：面向经济建设主战场

向，对中国科技体制改革的推进起了很大作用。《光明日报》等媒体对此进行了积极的宣传，电子所的改革也写进1984年的国家政府工作报告之中。

这些行为之所以被关注，是因为在当时的科研体系内完全是异类。计划经济的一些弊端不仅在科研体系内得到体现，而且，由于科研活动自身具有不确定性，这种僵化的运行方式和不确定性的效果重合在一起，又极大地扩大了这种弊端。"计划经济的体制在所有部门都衍生了一套庞大的、让外人难以理解的科研体系，科研机构几乎全都存在人员过剩的情况，并重复其他机构的工作。""在政府所属的研究机构里工作严重重复，相互之间没有合作的传统。这样的系统是一种昂贵的奢侈，是任何国家都负担不起的。""研究所面临数额很大的日常开支，要为职工，包括在职的和退休的，还有家属，提供住房、医疗、教育以及其他服务。"[20]16 相互独立的研究机构之间无协调地重复开展工作，尽管这些研究机构都是由同一级或另一级政府资助的，它们相近咫尺。

这个时期，世界各国在科技活动方面也进行了重大调整。1983年3月，美国提出"星球大战"计划。欧洲的"尤里卡"计划、日本的"今后10年科学技术振兴政策"等着眼于21世纪的战略计划也先后应运而生。中国国内科技体制积累的矛盾重重，国际上激烈的新一轮竞争也在启动，这种背景使得改革势在必行。

从经济体制改革到科技体制改革

在20世纪80年代中期,随着中国的经济体制改革,中国的科技政策设计中也越来越重视市场机制的作用。1984年10月中共十二届三中全会通过的《关于经济体制改革的决定》,确认中国社会主义经济是公有制基础上的有计划商品经济,确立了社会主义有计划商品经济论[1]207。这次会议,也标志着中国经济体制改革的重点从农村转移到城市,经济体制改革全面展开。这个时期,城市经济体制改革开始起步,重点是调整国家与企业的关系,主要是扩大企业自主权。

《关于经济体制改革的决定》提出,增强企业活力,特别是增强全民所有制大中型企业的活力,是经济体制改革的中心环节。通过改革,要使企业真正成为相对独立的经济实体,成为自主经营、自负盈亏的社会主义商品生产者和经营者,具有自我改造和自我发展能力,成为具有一定权利和义务的法人[1]209。只是在30年前,现代中国的经济体制下,企业在政策定位中,才开始被称为相对独立的经济实体。回头来看,科研院所改革的初衷之一,也是通过转制的方式在体制上松绑,新的企业身份能够具备更大的科研自主权。

此次改革针对计划体制,这使国家管理经济的方式,开始由主要依靠行政手段的直接管理,向主要运用经济、法律手段的间接管理转变。《关于经济体制改革的决定》提出,要逐步缩小指令性计划的范围,国民经济大量的经济活动实行指导性计划或由市场调节,当时,这是对传统观念的重大突破。但是,

第六章 《决定》出台：面向经济建设主战场

继1982年出台的科技攻关计划之后，却陆续出台了一系列国家科技计划。从此也可以看出，虽然人们常常抱怨科技与经济"两张皮"的问题，但从政策理念上看，当时人们对科技、经济间关系的认识也是造成"两张皮"现象的原因之一。否则，在国家的经济制度向市场方向调节时，为什么仍然用计划的方式去管理科技领域的投资。

这个时期，面向企业的、微观层次的法律制度也在快速形成。在这些制度中，无不体现了对先进技术和设备的关注。1978年制定的《中华人民共和国中外合资经营企业法》（1979年7月1日第五届全国人民代表大会第二次会议通过，后又经修订）在第一条中就明确规定，中华人民共和国为了扩大国际经济合作和技术交流，允许外国公司、企业和其他经济组织或个人，按照平等互利的原则，经中国政府批准，在中华人民共和国境内，同中国的公司、企业或其他经济组织共同举办合营企业。第五条又规定，外国合营者投资的技术和设备，必须确实是适合中国需要的先进技术和设备。如果有意以落后的技术和设备进行欺骗，造成损失的，应赔偿损失。

1986年出台的《中华人民共和国外资企业法》（第六届全国人民代表大会第四次会议于1986年4月12日通过）第一条规定，为了扩大对外经济合作和技术交流，促进中国国民经济的发展，中华人民共和国允许外国的企业和其他经济组织或者个人在中国境内举办外资企业，保护外资企业的合法权益。设立外资企业，必须有利于中国国民经济的发展，并且采用先进的技术和设备，产品全部出口或者大部分出口。

1988年《中华人民共和国中外合作经营企业法》（1988年4月13日第七届全国人民代表大会第一次会议通过）第一条规定，为了扩大对外经济合作和技术交流，促进外国的企业和其他经济组织或者个人按照平等互利的原则，同中华人民共和国的企业或者其他经济组织在中国境内共同举办中外合作经营企业，特制定本法。国家鼓励举办产品出口的或者技术先进的生产型合作企业。中外合作者的投资或者提供的合作条件可以是非专利技术。

此后，《中华人民共和国私营企业暂行条例》于1988年6月3日国务院第七次常务会议通过，以国务院令第4号发布，自1988年7月1日起施行。条例中，规定私营企业可以从事科技咨询等行业的生产经营。

1990年后，《股份有限公司规范意见》和《有限责任公司规范意见》出台。有限责任公司是指投资者以其出资额对公司负责，公司以其全部资产对公司债务承担责任的企业。在对股份的描述中，都提到股东可以用非专利技术等无形资产折价入股。以无形资产（不含土地使用权）作价所折股份，其金额一般不得超过公司注册资本的20%。这样，就为后来的成果转化等政策提供了重要的基础。

在面向企业完成基本的制度设计的同时，科技的重大改革措施也应运而生。1985年3月13日，中共中央颁布了《关于科技体制改革的决定》（以下简称《决定》），这是中国政府第一次对已有科技体制的重大的、系统的改革，由此带动了一批科技政策的形成。决定提出了"经济建设必须依靠科技，科技工作必须面向经济"的方针,开始改革拨款制度,开拓技术市场,克服单独依靠行政手段的科技工作,克服国家包得过多、统得过死的弊病。这个阶段的政策实质是减少对科研机构稳定支持的事业费,增加竞争性的项目支持,让研究院所和科技工作者面向经济建设的主战场。《关于科技体制改革的决定》揭开了全面科技体制改革的序幕,中国科技体制随即进入了"竞争与市场"阶段。

有观点认为,在1985年之前的一段时期(改革开放以来到"九五"时期)的主要问题是,技术进步主要依赖引进,企业自主创新能力不强。在经济增长因素的测算中,要素投入增加对中国经济增长的贡献在60%以上,技术进步的贡献不足30%,远远低于发达国家60%以上的水平。中国企业的自主创新能力不足,很多企业满足于通过购买技术、新设备,获得低附加值的短期效益,而不是自主研发[1]269。从数据得到的判断来看,这是事实。从中国发展的阶段来看,这也是必然的、符合当时需要的。如果讨论的是研发,或是基于研发的创新,中国企业在改革开放后的十年间确实较少。但从创新的概念来看,购买技术设备、改进工艺甚至"山寨",也都是创新活动。在当时的要素禀赋条件下,企业做出引进的选择恰是理性的,也许是最优的。中国经济的高速增长得益于此。

十年之后的1995年,原国家科委主任宋健1994年在北京交流后,决定与加拿大的专家联合组织一次关于中国科技体制改革的回顾,尤其是总结1985年《中共中央关于科学技术体制改革的决定》颁布以来在科技方面取得的经验。这次合作,双方商定了五个重点关注的领域：基础研究、高技术工业、国有企业、农业研究和农村发展、环境和社会发展[20]21。从改革之初，中国各界一直注意吸收国内外的新思想，然而邀请一组国际专家对过去十多年的科技改革进行综合回顾尚属首次。

在这次回顾中，双方组织了多次座谈和研讨，参加讨论的人员有几百人次，参加人员来自政府机关、科研机构、高等院校及企业界。1996年9月，调查组完成了一份报告提交给原国家科委的朱丽兰常务副主任。这份报告所发现的问题和呈现的观点，在20年后的今天来看，仍然非常有趣和有启发性。报告提出需要关注的科技政策问题包括科技资源协调、工业技术、农业技术、基础研究、环境保护等方面。时至2014年，科技资源协调仍是科技体制改革的重头戏，得到了各界的广泛关注。而在国际合作方面，当时专家组形成的印象是，中国没有一项以充分理解全球技术发展所显示出的意义为基础的明确的国际科技合作政策。

1978年以来，中国一直鼓励科技系统通过试验为改革做准备，并定期地由中共中央、国务院做出权威性决定，总结科技体制改革的方向，这种方法在处理一系列复杂问题时是非常具有创造性的。这特别表现在1985年《中共中央关于科学技术体制改革的决定》、1995年《关于加速科技进步的决定》以及后来重要文件中。这类以经济的现代化为目标的重大决定，为科技政策制定了一个切合实际的整体框架[20]13。

政策布局初步形成

当时的科技体制和政策环境，对恢复、建立和保持一个相当规模的科研队伍，对于科研仪器设备、图书资料等的基本建设，功不可没。但是，从国家的角度考虑，在国力尚不够强大、财政相对紧张的条件下，由于科研投入短期内不能产生效果，所以使人感觉是不划算的。从创新系统的角度看，当时的科研体制效率太过低下。当时有一个比较形象的比喻，可说明政府对科技界的不满：大量科研经费投下去，连个水泡儿都没见着。这个比喻流传很广，以至于在科研管理部门，"冒泡儿"成了出重大科研成果的代名词[29]。

改革开放后，一系列新政策的出台，不仅活跃了中国不同形式上的科技活动，也初步奠定了目前中国科技政策体系的基础。在此期间，中央加大了对科学基础研究工作的重视力度，建立国家自然科学基金制度，恢复职称评定，加强中科院建设，建立博士后制度，建设国家重点实验室等。这个阶段，中国政府又先后批准建立了53个国家高新技术产业开发区（至今已有100多家），先后制定了"星火计划""863计划""火炬计划""攀登计划"、重大项目攻关计划、重点成果推广计划等一系列重要计划，基本形成了新时期中国科技政策的大格局。

1987年1月，国务院出台了《关于进一步推进科技体制改革的若干规定》，对中国进一步搞活、重组科研机构，科研人员的福利待遇、晋升机制等管理政策，做好科学技术与促进经济社会发展的良好结合等方面做出了明确的规定。1988年5月，国务院发布了《关于深化科技体制改革若干问题的决定》，更进一步对中国科学技术体制改革做了全面的规定，中国的科学技术体制改革全面兴起。

产业技术政策

产业技术政策是产业政策和技术政策的交叉领域，是指国家或地方政府引导、促进、规范和控制产业技术发展的有关政策。从广义来看，产业技术政策包括产业技术开发政策、产业技术商业化政策、产业技术引进与消化吸收政策、产业技术出口政策、产业技术转移政策、技术标准政策、知识产权政策、产业技术安全政策等。

1983年初到1985年底，原国家科委、计委和经委先后邀请了几千名专家对国民经济各重要部门、主要行业的技术政策进行了全面的研究和论证，产生了新中国历史上第一次大规模同步制定的国家技术政策，经国务院常务会议逐项审定通过后，自1986年陆续发布，到1989年3月，以《技术政策蓝皮书》的形式汇集出版。这是中国科学技术方面的第一号蓝皮书，收入了1986年以来国务院在能源、交通运输、通信、农业、消费品工业、机械工业、材料工业、建筑材料工业、城市建设、村镇建设、城乡住宅建设、环保、信息技术和生物技术14个领域发布的技术政策要点。据1989年3月11日《人民日报》介绍，在公布蓝皮书时，这些技术政策95%的内容已被国家及各地各部门纳入发展战略、政策、规划和法规、条例，70%的条款已付诸实施，约有1/3执行的效果显著[14]115。

20世纪90年代，《90年代我国经济发展的关键技术》《90年代国家产业政策纲要》先后发布。2002年，原国家经贸委、财政部、科技部和国家税务总局联合发布《国家产业技术政策》。2010年《国务院关于加快培育和发展战略性新兴产业的决定》构建了战略性新兴产业技术政策的基本框架，提出中国现阶段将重点培育和发展节能环保、新能源、新兴信息、生物、高端装备制造、新材料和新能源汽车七大战略性新兴产业，将培育和发展战略性新兴产业的要求正式提升到国家产业政策层面。

近年，还有《当前优先发展的高技术产业化重点领域指南》《鼓励外商投资高新技术产品目录》《产业关键共性技术发展指南》《中国制造2025》等。总体政策方向从对产业关键技术、重点产业的关注拓展到对市场准入、市场规则的关注，随着新兴产业的培育发展，需求面的政策明显增加，辅以产业技术出口、技术安全的管制政策。

产业技术政策在信息领域表现得较为突出，成为促进产业发展的重要工具。2001年3月颁布的《产业集成电路布图设计保护条例》，就是为了保护集成电路布图设计专有权，鼓励集成电路技术的创新，促进科学技术的发展。其中规定，布图设计专有权的保护期为10年，自布图设计登记申请之日或者在世界任何地方首次投入商业利用之日起计算，以较前日期为准。但是，无论是否登记或者投入商业利用，布图设计自创作完成之日起15年后，不再受本条例保护。2002年发布《计算机软件著作权登记办法》，鼓励软件登记，并对登记的软件予以重点保护，目的也是增强信息产业的创新能力和竞争能力。

在特定领域、特定区域开展技术和产品的先行先试，是发展产业的有效手段。这类政策的功能在于通过试点示范，破除限制新技术、新产品、新商业模式发展的不合理准入障碍，加快技术成果的商业化进程，为大规模的产业化和市场应用创造条件。近年来，这类政策多体现在新能源汽车、风电、光伏等领域。例如，《私人购买新能源汽车试点财政补助资金管理暂行办法》明确指出，中央财政对试点城市私人购买、登记注册和使用的插电式混合动力乘用车和纯电动乘用车给予一次性补贴。近年来，各级政府面向上述领域，也因地制宜地出台了一系列的产业技术政策。

技术进出口

决定出台后，中国政府关于技术引进的政策更加规范，开始通过制度设计为市场化的技术引进提供基础，而不仅仅是由政府实施的不定期的引进措施。1985年5月20日，国务院通过了《中华人民共和国技术引进合同管理条例》。技术引进合同管理的内容有三个方面，第一是专利权或其他工业产权的转让或许可；第二是以图纸、技术资料、技术规范等形式提供的工艺流程、配方、产品设计、质量控制以及管理等方面的专有技术；第三是技术服务。政策还规定，受方和供方必须签订书面的技术引进合同（以下简称合同），并由受方在签字之日起的三十天内提出申请书，报中华人民共和国对外经济贸易部或对外经济贸易部授权的其他机关审批；审批机关应当在收到申请书之日起的六十天内决定批准或不批准；经批准的合同自批准之日起生效。在规定的审批期限内，如果审批机关没有做出决定，即视同获得批准、合同自动生效。

明确了技术合同的范围，就需要配套的其他政策进行规范。1985年，对外贸易经济合作部根据管理条例制定了《技术引进合同审批办法》，技术引进合同在执行过程中办理有关银行担保、信用证、支付、结汇、报关、纳税或申请减免税收等事务时，必须出示《技术引进合同批准证书》或提供其复印件。

随着技术水平的提高，技术出口也逐渐成为政策议题。中国的技术出口起步于1980年，后来逐步拥有大量成熟的技术，其中不少达到世界先进水平。鼓励成熟的产业化技术出口，不仅可以进一步促进技术开发，还可以通过转让技术带动中国生产线、成套设备的出口，扩大出口规模。2000年以前，行政法规已不能适应当时中国技术进出口管理工作的需要，与后来出台的有关法律不够衔接；在加入WTO之前，有些内容也不符合世界贸易组织（WTO）《与贸易有关的知识产权协定》（TRIPS）的有关规定，而中国加入WTO之后，有关法律规定应当与WTO有关协议的规定相一致。

在这个背景下，中国政府根据对外贸易法，出台了《中华人民共和国技术进出口管理条例》。这个条例所称技术进出口，是指从中华人民共和国境外向中华人民共和国境内，或者从中华人民共和国境内向中华人民共和国境外，通过贸易、投资或者经济技术合作的方式转移技术的行为。这些行为包括专利权转让、专利申请权转让、专利实施许可、技术秘密转让、技术服务和其他方式的技术转移。在条例中，国家鼓励先进、适用的技术进口，也鼓励成熟的产业化技术出口。属于限制进口、出口的技术，都实行许可证管理，未经许可，不得进口和出口。至此，《中华人民共和国技术引进合同管理条例》和《中华人民共和国技术引进合同管理条例施行细则》废止。

在此期间，与进出口相关的知识产权政策也跟了上来。《中华人民共和国知识产权海关保护条例》1995年由国务院发布，适用于与进出境货物有关并受中华人民共和国法律、行政法规保护的知识产权，包括商标专用权、著作权和专利权。知识产权权利人以及他们的代理人（即知识产权权利人）要求海关对其与进出境货物有关的知识产权实施保护的，应当将其知识产权向海关备案，并在其认为必要时向海关提出采取保护措施的申请。当年，海关总署发布了《中华人民共和国海关关于知识产权保护的实施办法》，明确知识产权权利人具体包括《中华人民共和国著作权法》第九条所称的著作权人及著作权专有使用许可的被许可人、《中华人民共和国商标法》第三条所称的商标注册人和《中华人民共和国专利法》第六条所称的专利权人。

在鼓励和引导技术进出口的同时，出于经济技术安全等因素的考虑，中国政府也开始对技术出口采取审查和限制的政策。2009年，商务部、科技部发布了《禁止出口限制出口技术管理办法》，这个办法2001年曾发布了一版，在2009年版出台后已废止[①]。办法中，对列入《中国禁止出口限制出口技术目录》的限制出口技术实行许可证管理，凡出口国家限制出口技术的，应按本办法履行出口许可手续。出口申请获得批准后，由地方商务主管部门颁发由商务部统一印制和编号的《中华人民共和国技术出口许可意向书》。对没有取得技术出口许可意向书的限制出口技术项目，任何单位和个人都不得对外进行实质性谈判，不得做出有关技术出口的具有法律效力的承诺。

---

① 相对2001年版，增加了"地方商务主管部门应在收到《申请书》之日起5个工作日之内，将相关材料转地方科技行政主管部门。地方科技行政主管部门在收到《申请书》之日起15个工作日内，组织专家对申请出口的技术进行技术审查并将审查结果反馈地方商务主管部门，同时报科技部备案"。另外一个变化是，第二十一条核技术、核两用品相关技术、化学两用品相关技术、生物两用品相关技术、导弹相关技术和国防军工专有技术的出口不适用本办法。原来只有"国防军工专用技术的出口不适用本办法"。

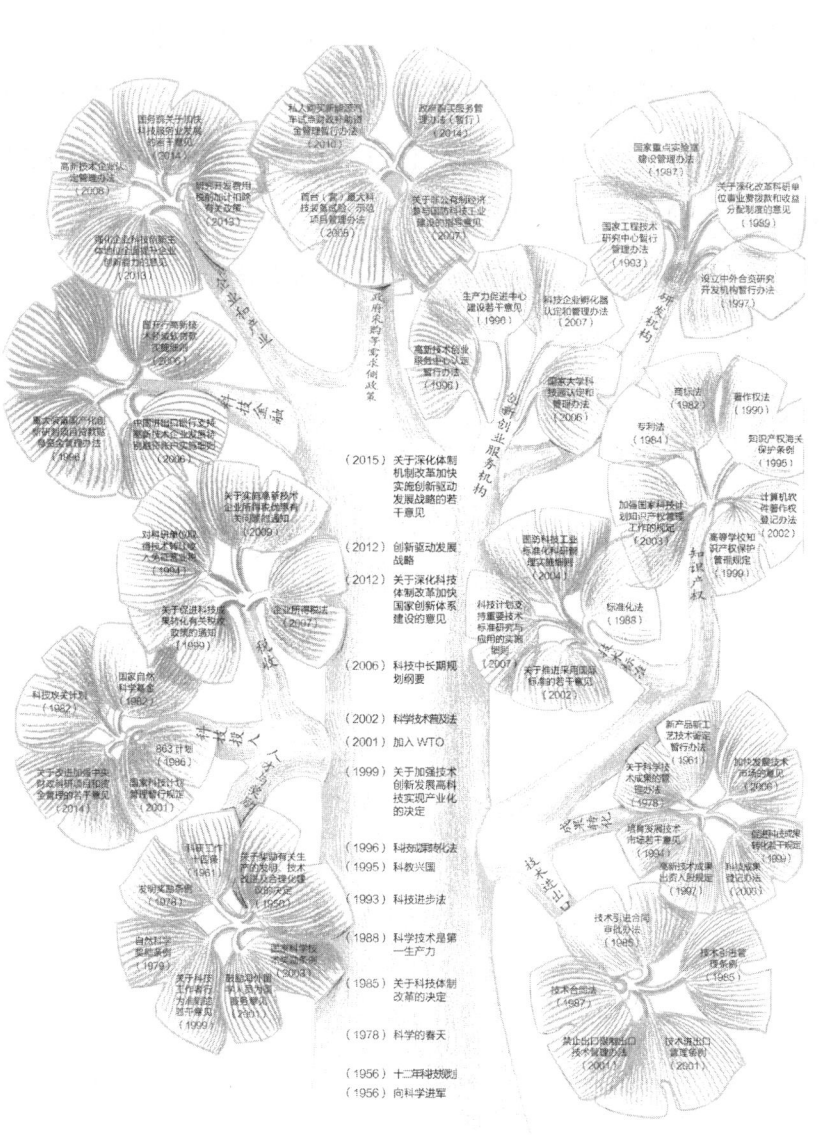

FROM ABSORPTION TO INNOVATION-DRIVEN
从"大胆吸收"到"创新驱动"

第七章
稳住与放开:社会主义市场经济导向下的科技

1992年，在中国发展历程中发生了一次重要的活动，直接推动了改革的进程。邓小平访问深圳等城市期间，进行了"邓小平南方谈话"，回答了什么是社会主义、怎样建设社会主义的重要问题，为把改革开放和现代化建设推进到新阶段奠定了重要的思想理论基础。

1992年10月中共十四大召开,江泽民代表中共中央做了《加快改革开放和现代化建设步伐，夺取有中国特色社会主义事业的更大胜利》的报告,确立了建立社会主义市场经济体制的目标。这次会议，正式确立了建立社会主义市场经济体制的目标，改革开放事业进入了新的快速发展时期，由此也启动了在市场经济条件下科技改革的序幕。

十四大会议上，明确提出"科学技术是第一生产力，振兴经济首先要振兴科技"。报告同时分析指出：当前，我国经济正面临着加速发展、调整结构、提高效益的重大任务，尤其需要全社会提高科技意识，多方面增加科技投入，真正依靠科技进步。科技工作要面向经济建设主战场，在开发研究、高新技术及其产业、基础性研究这三个方面合理配置力量，确定各自攀登高峰的目标[30]。

在阐述了科技的重要性以及科技工作的发展方向后，报告还提出了科技改革的目标，即"通过深化改革，建立和完善科技与经济有效结合的机制，加速科技成果的商品化和向现实生产力转化。不断完善保护知识产权的制度。认真抓好引进先进技术的消化、吸收和创新。努力提高科技进步在经济增长中所占的含量，促进整个经济由粗放经营向集约经营转变"。由此可以发现，市场的作用开始加入并不断增强。

第七章　稳住与放开：社会主义市场经济导向下的科技

为了贯彻落实中共十四大提出的经济体制改革的任务，1993年11月，中共十四届三中全会讨论并通过了《关于建立社会主义市场经济体制若干问题的决定》。决定再次强调了"科学技术是第一生产力，经济建设必须依靠科学技术，科学技术工作必须面向经济建设"的思想。为了使科技发展更好地适应新时期新形势的需要，决定指出："科技体制改革的目标，是建立适应社会主义市场经济发展、符合科技自身发展规律、科技与经济密切结合的新型体制。"同时，决定还明确提出了促进科技经济一体化的具体要求。

计划经济与市场经济的最大区别是什么，对科技政策的影响如何体现？基于对两种经济制度的比较，我们也需要探讨科技活动应该如何组织，由此应该采取怎样的政策。在运行机制方面，计划经济是无所不包的国家计划，市场经济是市场机制，体现为自由竞争；在调节经济的手段方面，计划经济主要是行政手段，而市场经济主要是经济手段和法律手段；在调节经济的方式方面，前者是国家直接调控企业，后者是国家调控市场，市场引导企业；所有制结构不同，前者的所有制结构单一，后者所有制结构多元；利益分配不同，前者平均主义严重，后者注重效率。

社会主义市场经济条件下的科技政策就要根据上述差异进行调整。1992年8月27日，当时的国家科委、国家体改委联合发布了《关于分流人才、调整结构、进一步深化科技体制改革的若干意见》，将科技改革的重点逐步转向结构调整和综合配套改革，尝试性地提出了"进行分流和调整的基本路子是稳住一头，放开一片"。此后，科技发展进入了一个新的历史时期，即由跟踪向创新转变，由技术导向向市场导向转变[31]。科技体制改革的方向调整为"依靠""面向""攀高峰",改革的主要方针就是"稳住一头,放开一片",从而达到分流科技人才、调整科研结构、推进科技经济一体化发展的目的。

"稳住一头"是希望稳住基础研究,稳住科技人员这支队伍。"放开一片"是继续鼓励科技工作面向社会,面向经济建设。这一阶段的政策措施,包括增加各级政府对科技活动的财政投入,优化科技投入的结构,推进院所管理制度改革,鼓励各类科研机构变为企业、进入企业、与企业结合,支持和扶持技术中介机构等[32]。

此次改革决定的基本点是要适应市场经济的要求,承认技术的商品属性,开拓技术市场,促进技术和经济的结合。改革科技事业拨款制度是决定中极为重要又非常具体的改革措施。它的目标是在保证科技经费不断增长的前提下,既要保证基础研究和公益性研究服务的经费,同时又鼓励从事技术开发的机构和科技工作者,通过市场化手段创造收入、增加开发经费,促进科技工作更好地同经济工作结合。

"稳住一头,放开一片"的目标是在具体实践中,通过政策引导、市场吸引、典型示范、舆论推动以及适当的行政措施,经过三五年的努力,初步完成科技系统的结构性变革。为了落实"稳住一头,放开一片"方针,国家颁布和制定了一系列政策法规,使这一方针衍生出大量的政策实践。

同年10月28日,《国家科委、国家体改委关于推进科技系统分流人才、调整结构、深化改革试点工作的报告》,更加系统地阐述了"稳住一头,放开一片"方针。所谓"稳住一头"就是对基础性研究、高技术研究、重大工程建设和重大项目科技攻关提供充分保障和持续稳定的支持，并通过深化改革，优化组织结构和转变运行机制，形成一支能在国际前沿竞争的力量。"放开一片"就是对技术开发机构、科技服务机构、社会公益机构以及科技型企业，特别是高新技术企业，进一步引入市场机制，放开搞活，推动科技以更大的规模、更快的速度进入经济、长入经济，出成果、出人才、出效益[33]。

"稳住一头，放开一片"方针经过一年多的实践，1993年11月，中共十四届三中全会将科技系统的这一改革思路正式确定下来，提出："要改变部门分割的状况，推进科技系统的结构调整和人才的合理分流。实行'稳住一头，放开一片'的方针，加强基础性研究，发展高新技术研究，放开技术开发和科技服务机构的研究开发经营活动。"此后，为了贯彻落实这一方针，国家相继制定、出台、实施了一系列具体措施，进一步推动了科技改革的深入发展。

稳住一头

"稳住一头"方针在政策上体现在基础研究、高技术研究和实验室建设等方面。《科技进步法》中明确规定，"全国研究开发经费应当占国民生产总值适当的比例，并逐步提高""国家财政用于科学技术的经费的增长幅度，高于国家财政经常性收入的增长幅度"。上述条文从法律层面规定了国家对科学技术的投入标准，使"稳住一头"方针的实施有了法律保障。在当时财力有限的情况下，按照"少而精"的原则，国家对基础性研究、高技术研究和事关经济建设、社会发展和国防事业长远发展的重大科技课题提供稳定的资金支持。

基础研究是科技活动的源头和起点,保证基础研究的持续稳定发展是提升科技水平的重要工作。与发达国家相比,中国当时的基础研究水平较低,为提高基础研究的整体实力,在世界上"占有一席之地",国家在1984年启动了重点实验室建设计划。这一建设计划对于打破科技体制条块分割、资源分散和低水平重复的弊端具有十分重要的意义。"稳住一头"方针的确立和实施,为国家重点实验室建设创造了新的机遇。截至1995年底,已建立国家重点实验室155个,在基础理论研究方面进行了布局。国家稳定资金的支持使大批实验室装备得到改善,缩短了科研工作周期,提高了科研工作效率。为了进一步提高基础研究水平,1992年3月,国家科技工作会议正式批准实施《1992年国家基础性研究重大项目计划》,即"攀登计划"。"攀登计划"至"八五"计划期末,先后有45个项目列入计划,其中30个自然科学项目、15个工程与技术项目。

1986年开始实施的《高技术研究发展计划纲要》(即"863计划"),在这一阶段进行了调整,将原来的"有限目标、突出重点"的指导方针调整为:一方面要努力创造前沿技术的优势,发展高技术;另一方面,还要立足国际市场竞争的制高点,加速高技术成果的转化,发展高技术产业,进行传统产业的升级换代,迎接新一轮国际竞争的挑战。

到1995年底,"863计划"民口6个领域的15个主题,共取得研究成果1200多项,获国家级奖或省部级奖567项,达国际水平540项,获专利244项[34]176。特别值得指出的是,一批重大关键技术获得突破，缩小了中国高技术与国际先进水平的差距，增强了高技术研究开发的整体实力[①]。"863 计划"取得了一系列标志性的成果，成为科技财政政策支持下的成功经验，"863"在科学界甚至全社会也成为响亮的名字。

《国家重点实验室建设管理办法》由国家计划委员会 1987 年 5 月 26 日颁布，提出国家将有重点、有步骤地建设和装备一批开放型的国家重点实验室，使其具有较好的科研环境和实验条件，逐步发展成为能够代表国家学术水平、实验水平、管理水平的科学实验研究基地和学术活动中心。当时，国家重点实验室建设项目主要安排在国家教育委员会、中国科学院、农牧渔业部、卫生部系统的研究所和高等院校，侧重基础研究和部分应用研究。

在这个文件里，提出了国家实验室的几项基本制度。第一，国家重点实验室实行开放共用的管理体制，有条件的实验室可

---

① 在生物技术领域，两系法杂交水稻技术、动植物转基因技术、基因工程药物、疫苗和植物基因图谱研究等技术的突破，使中国生物技术的面貌发生实质性变化，总体研究水平已接近发达国家。在信息技术领域，突破了具有20世纪90年代国际先进水平的大规模并行处理技术，研制成功具有自主知识产权的"曙光"系列计算机，光电子器件及集成技术、人工智能及其相关技术的研究等方面，也取得了极大进展。在自动化技术领域，若干关键技术取得了全面突破。特种机器人实现了从无到有的飞跃发展。6000米水下机器人试验成功，使中国具备了对深海区进行探测的能力，达到了世界先进水平。在核能技术领域，攻克了高温气冷堆、快中子增殖堆等新型核反应堆中的一批关键技术，高温气冷堆正在建设之中，快中子增殖堆即将进入建设阶段。在新材料技术领域，储氢材料、某些军用关键材料的研制取得重大进展，光电功能材料、高性能陶瓷材料、高性能树脂及复合材料等部分性能达到国际先进水平。在海洋技术领域，研制成功洋底多金属结构探测系统，使中国成为世界上为数不多拥有此项探测设备的国家之一。计算机集成制造系统（CIMS）的突破性进展，对制造业技术改造起到了牵引导向作用。

以边建设、边开放。建成验收后的实验室必须全面开放。第二，实验室主任聘任制。实验室建成后，要成为相对独立的科研实体，由主管部门聘任主任一人，全权负责实验室的工作，任期由主管部门决定。第三，学术委员会。实验室必须设独立的学术委员会，它是实验室的学术评审机构，主要职能是研究决定实验室的科研方向，审定研究课题，监督经费使用，协调开放事宜，组织论文答辩及成果评价。此外，为促进科研人员流动和学科相互渗透，实验室固定研究人员不应超过全部研究人员的半数，大部分应为客座研究人员。

放开一片

在第五章中提到，党的十一届三中全会以来，中国的改革开放政策最早在农村实践，标志为"包产到户（分田到户）"，后来被称为"家庭联产承包责任制"（俗称"大包干"）。家庭联产承包责任制的实行，解放了中国农村的生产力，是中国经济体制改革的突破口，也是改革起步阶段的重点[119]。这种明确权责的制度改革也迅速扩展到科技领域。"放开一片"方针产生了巨大的经济效益，为中国部分地方的科技改革注入了新的活力，带来了新一轮具有创造力的实验。

围绕着促进科技与经济结合，加速实现科技、经济一体化的目标，自1992年始，中国成功地将市场机制引入到科技的运行与管理体制中，从而大大推动了科技力量进入经济建设的主战场。科技体制改革在20世纪90年代所采取的政策措施和取得的成绩主要有：优化科技系统结构、实现科技投入的多元化、发展规范化的技术市场、发展多种所有制形式的科技型企业。

1992年8月，国家科委发布了《全民所有制技术开发型科研机构实行技术经济承包责任制暂行办法》，拉开了"放开一片"的序幕。科研机构技术经济承包责任制是坚持科研机构全民所有制的基础上，按照所有权与经营权分离的原则，以承包合同的形式，明确国家和科研机构责任权利关系，使科研机构做到自主研究、开发和经营管理。实行技术经济承包责任制，应当订立技术经济承包合同。技术经济承包责任制的主要内容是：保经济效益、社会效益，科研水平和科研后续发展能力等综合指标，实行工资总额与承包指标完成情况挂钩。

进入20世纪90年代后，发达国家的经济活动越来越转向高附加值和技术密集型产品的生产，高技术产业成为国际经济和科技竞争的重要阵地。为适应这种形势，在科技政策中开始注重高新技术产业的发展，其中一项重要的措施就是1988年开始实施的火炬计划。火炬计划中就包括建设高新技术产业开发区、特色产业基地的任务。1995年6月，全国第一家火炬计划特色产业基地在江苏海门市诞生；1997年5月，国家科委在北京举行国家火炬计划软件产业基地命名授牌仪式[34]181。

1991年，国务院发布《国家高新技术产业开发区高新技术企业认定条件和办法》，授权原国家科委开展区内高新技术企业认定工作，并配套制定了财政、税收、金融、贸易等一系列优惠政策。1996年，对高新技术企业的认定范围扩展到国家高新区之外。同年11月，国家科委、国家体改委印发《关于在国家高新技术产业开发区创办高新技术股份有限公司若干问题的暂行规定》，其中规定高新技术作为无形资产作价入股时，可占有公司注册资本的30%。这一规定降低了高新技术转化的门槛，推动了高新技术的产业化。

在取得可观经济效益的同时，高新区的企业规模化发展也十分迅速，涌现出一大批初具规模的高新技术企业，到1998年，全国高新区企业总数已达16097家，技工贸总收入过亿的企业已发展到678家。以联想集团、北大方正、深圳华为、长沙远大、东大阿尔派为代表的一些著名企业已在微电子、通信、生物制药、新材料等高新技术领域，产生了一批具有自主知识产权的名牌产品，具备了参与国内外市场竞争的实力[34]181。

在那个时期，很多研究机构开始创办高新技术企业，来使它们开发的技术商品化。1993年3月，经贸部、国家科委、国防科工委和国家教委共同授予第一批100家科研院所外贸经营权。同年6月，国家科委、国家体改委联合发布《关于大力发展民营科技型企业若干问题的决定》，鼓励民营科技企业的发展。这类企业的数目非常大，例如，中国科学院当时123个研究所，创建了900多个高新技术企业。

以"邓小平南方谈话"和中共十四大报告为标志，中国民营科技企业的发展进入了一个新阶段。民营科技企业在数量、从业人数、技工贸总收入、利润额、上缴税金、出口创汇等主要指标上都持续大幅度增长，已经形成一批有竞争力的大企业及大企业集团，在国民经济发展中日益占有重要的地位。在民营科技企业发展中，技术成果约有70%源于自主开发，出现了一批驰名的高科技品牌。与此同时，民营科技企业经营活动国际化的步伐明显加快，企业管理日趋规范化、科学化。

1998年，全国民营科技企业总数为70052家，企业资产总额达到107625.15亿元，资产总额1亿元以上的企业1630家，长期职工总数达到397.22万人。民营科技企业全年收入达到7670.44亿元，总收入1亿元以上的企业1169家，其中超过10亿元的企业88家，超过20亿元的企业29家；全年实现净利润467.35亿元；上缴国家税金367.74亿元，出口创汇114.73亿美元。1998年民营科技企业研究开发经费达到341.95亿元，占全年总收入的4.46%，全年技术性收入421.14亿元[34]155，这意味着民营科技企业已开始成为中国科技成果转化和高新技术产业化中一支不可忽视、越战越强的力量。

一些民营企业和科研院所联系紧密，其发展也面临着制度性障碍。如中科院办的企业中，按照一般的情况，这种企业十个中有一两个是成功的，二三个能够生存较长时间而没有大发展，其余的则失败。然而，中国当时的政策不允许失败的企业倒闭（需核实政策和背景，现在看来非常不可思议），因为这将造成职工的社会福利问题。当时的经济改革触及的倒闭问题，中国人民大学的研究人员就主张，应该允许经营不善的企业倒闭，这样就可以把使用效率低的资金注入到效益好的企业[35]。

1985年《决定》出台后，中国的技术市场发展由此起步。各个地方尝试以技术成果交易会和技术市场"金桥奖"等激励成果转化与创新。在技术交易会方面，武汉的熊兆铭走在了前列。1984年，武汉技术市场挂牌成立，熊兆铭就任主任，直到2004

年退休。上海技术交易所成为全国首个国家级技术交易所,此后,各种技术中介机构和交易场所及职业技术经纪人队伍相继建立。上海技术交易所成立于1993年12月,是由原国家科委和上海市人民政府共同组建的中国首家国家级常设技术市场。后来,上海又成立了上海技术产权交易所,率先实现了技术市场、金融市场和产权市场的资源整合,探索了技术市场发展新模式[36]。技术市场的开放与发展确立了科技领域的商品经济观念,极大地激发了各创新主体投身创新活动的积极性,使中国与世界同时步入知识经济时代。

1994年,国家科学技术委员会、国家经济体制改革委员会发布《关于进一步培育和发展技术市场的若干意见》,提出到20世纪末初步建立符合科学技术发展规律和市场经济运行规律,利用国内国际两个资源、面向国内国际两个市场,统一开放的社会主义技术市场体系。除国家有特殊规定的领域外,科研机构、高等学校和其他企业、事业组织从事技术交易不受行业、经济性质和经营范围的限制。

2006年《关于加快发展技术市场的意见》提出,加快发展技术市场的总体目标是:经过十年的努力,把技术市场建设成为适应科学技术发展规律和社会主义市场经济体制,具有完善的法律政策保障体系、健全的市场监督管理体系、高效的社会化中介服务体系,结构合理、机制健全、功能完善、规范有序,能够有效配置科技资源,面向国内、国际两个市场,形成统一、开放的现代技术要素市场,力争实现技术合同成交金额年递增10%以上。

第七章　稳住与放开：社会主义市场经济导向下的科技

在坚持科技自身发展特点的基础上，为适应社会主义市场经济体制的发展，这一阶段国家陆续出台了一系列科技政策法规，仅据《中国科学技术白皮书》的不完全统计，1992—1998年就有49部政策法规颁布实施。

此外，为了实施"稳住一头"方针，既有推动国家重大课题研发的《国家技术开发重点项目计划》（国务院生产办1992年发布）和国家科委制定的"攀登计划"等，也有保障国家重点项目资金的《中华人民共和国预算法实施条例》（国务院1995年颁布）、《重大装备国产化创新研制项目贷款贴息资金管理办法》（财政部1996年颁布）等。

为贯彻"放开一片"方针，全国人大1992年颁布了《关于加快发展科技咨询、科技信息和技术服务业的意见》等。根据新情况，解决新问题是这一阶段的特点。如此密集、系统地出台科技体制改革方面的政策法规，正是为了适应迅速发展的科技体制改革形势，及时出台的政策措施引导了科技改革的健康发展。

这一期间，中国的科技法制建设取得了突破。1993年7月2日，第八届全国人大常委会第二次会议审议通过了《中华人民共和国科学技术进步法》，并于同年10月1日起施行。该法是中国历史上第一部科学技术基本法，它的突出特点主要表现在四个方面：一是以经济建设为中心，坚持科学技术是第一生产力的战略思想，着重解决科技成果的商品化、产业化和国际化问题。二是以改革开放为主线，通过立法，全面总结和积极推进改革科技体制与经济体制的实践。三是抓主要矛盾，确定当前和今后相当时期内指导科技进步的基本准则和解决科技与经济相结合的重大措施。四是逐步与国际规范接轨[37]。《科技进步法》体现出"稳住一头，放开一片"的改革方针，它的颁布实施为深化科技改革，加速科技事业发展提供了强大的法律保障。

《科技进步法》第四条指出，国家根据科学技术进步和社会主义市场经济的需要，改革和完善科学技术体制，建立科学技术与经济有效结合的机制。在对科学技术的描述方面，分为高技术研究和高技术产业、基础研究和应用基础研究、研究开发机构、科学技术工作者等部分。在2007年修订时，这种分类被调整为科学研究、技术开发与科学技术应用，企业技术进步，科学技术研究开发机构，科学技术人员等部分，将基础研究、高技术研究等合并，而突出了企业技术进步。

科技人才

中国的科技人才政策大体经历了奖励、"松绑"、评价、引进等几个阶段。前文中，我们主要讨论了科技奖励政策，此后，分类的人才评价政策得到完善，各种层次、各种类型围绕引进的政策开始大量出台。

2003年，科技部联合其他部委先后出台了两个综合性的文件，《关于改进科学技术评价工作的决定》明确了应当根据不同评价对象进行分类评价的原则，要根据人员所从事的岗位和工作的性质，确定相应的评价标准。同时，也要淡化职称评价，重视岗位聘用，评价周期应结合岗位的工作性质而设定，避免产生短期效应。随后,《科学技术评价办法》出台,细化了这些政策方向。例如,对从事基础研究工作的人员要重点考察其学术研究能力和潜力,对从事应用研究的人员要考察其对核心、关键技术的创新与集成能力,对从事科学技术转化与产业化工作的人员则要以市场评价为主。可以说,在后续的科技体制改革和政策修订中,基本延续了这些思路和原则。

各类人才计划成为落实人才引进政策的手段,如中央组织部组织实施的"千人计划"、中国科学院组织实施的"百人计划"、教育部的"长江学者计划"等。各地方政府也按照中央要求,结合地方实际,充分发挥各自优势,开展了海外人才引进,如北京的海外人才聚集工程、山东的"泰山学者"等。

2011年,人事部、教育部、科技部、公安部、财政部联合发布的《关于鼓励海外留学人员以多种形式为国服务的若干意见》,扩大了海外吸引人才的范围。海外留学人员为国服务是指中国在海外学习或完成学业后在国外工作的留学人员及海外留学人员专业团体,以自己的专业和专业团体的优势,通过在国内兼职,接受委托在国内外开展合作研究,回国讲学、进行学术技术交流,在国内创办企业,从事考察咨询活动,开展中介服务等形式,为促进国家经济社会发展而开展的各种活动。

政策鼓励海外留学人员采取多种方式为国服务。第一,鼓励海外留学人员在国内高校、科研院所、国家重点(开放)实验室、工程技术研究中心及各类企业、事业单位受聘兼任专业技术职务、顾问或名誉职务。取得博士学位的海外留学人员可以到国内博士后科研流动站、博士后科研工作站做博士后。第二，鼓励海外留学人员利用先进科学技术、设备和资金等条件，与国内高等学校、科研院所、企业单位进行合作研究。第三，鼓励海外留学人员接受国内委托的科研项目，在国外开展研究、开发活动；也可委托国内有关研究单位、团体，开展接受国外科研项目的研究开发工作。第四，鼓励海外留学人员以专利、专有技术、科研成果等形式在国内进行转化、入股，创办企业，或以专有知识、技能、信息等开办专业性咨询公司，以及以自有资金或引进资金在国内投资。第五，鼓励海外留学人员依托海外的科研、教育、培训机构等条件，与国内有关单位合作或接受委托，帮助国内用人单位培养各类人才。第六，鼓励海外留学人员到西部地区从事技术引进、科技考察、咨询服务，开展各种学术、技术交流活动，国家按有关规定予以资金支持。第七，鼓励海外留学人员在国内注册中介机构，为国内引进外资、技术、项目等提供中介服务；联系外国专家来中国举办各种学术技术交流活动，建立与国外学术技术团体的联系，开展科技经济方面的国际交流与合作；在国外建立从事为国内产品开拓国际市场推介营销等中介服务。除上述方式外，鼓励留学人员在服务实践中创造更多的方式为国服务。鼓励海外留学人员专业团体、学术技术协会、联谊会等社团组织发挥集体优势，开展各种活动。

这些人员可以享受到一系列的政策优惠。例如，各地区、各部门和用人单位根据人才需要和财力可能，适当拨出专款对留学人员为国服务活动给予一定的经费支持；对在华任职的留学归来人员中的外籍高科技、高层次管理人才可以提供入出境便利。有的政策实际上应具有普惠性，如政策专门提出，要保障留学人员在专有知识、技术专利、科研成果或合作，以及委托研究开发的科研成果等方面享有的知识权益；国家支持各地区、各部门和用人单位为海外留学人员为国服务创造良好工作和生活条件等。

2007年2月15日，人事部、教育部、科技部、财政部、外交部、发展改革委、公安部、商务部、人民银行、国资委、国务院侨办、中科院、国家外专局、海关总署、税务总局、工商总局共16个部门联合发布了《关于建立海外高层次留学人才回国工作绿色通道的意见》。意见提出，海外高层次留学人才一般是指：中国公派或自费出国留学，学成后在海外从事科研、教学、工程技术、金融、管理等工作并取得显著成绩，为国内急需的高级管理人才、高级专业技术人才、学术技术带头人，以及拥有较好产业化开发前景的专利、发明或专有技术的人才。

在政策上，意见提出，研究实施战略性顶尖人才专项引进计划。海外高层次留学人才回国工作，经有关主管部门批准，可不受编制数额、增人指标、工资总额和出国前户口所在地的限制。回国工作的高层次留学人才每年在国内全时工作的时间一般应在九个月以上。回国工作的高层次留学人才的报酬应与其本人能力、业绩、贡献挂钩。由事业单位聘用的，按照国家有关规定，经批准可实行协议工资、项目工资等灵活多样的分配方法；由国内企业聘用的，经双方协商确定工资待遇。

同时，对于这些人才也给予了配套的支持。已加入外国国籍或取得国外长期、永久居留权的高层次留学人才回国工作，可按国家规定申请《回国（来华）定居专家证》或《外国专家证》，并享受有关待遇。这些人及其随任家属在中国驻外使领馆办理"Z"字签证来华后，需长期居留的，可申请办理2～5年的《外国人居留许可》；需多次临时入境的，可申请办理2～5年长期多次"F"字签证。

对海外留学人员的激励，也引发了来自"本土"科研人员的争论：难道"本土"的人才不需要配套的条件么？本土人员的知识权益不需要有力维护么？这些现象，有时被戏称可能带来"招来女婿、气走儿子"的后果。实际上，无论政府如何引导，都难免出现这样那样的质疑之声。对于科学人才另说，但对于企业而言，当技术要素对企业发展不那么重要时，政策可以做些适当的引导，但很难期望直接的、真正有效的结果。只有当技术要素的重要性对企业生存发展提高到一定程度时，市场对人力资源的配置作用才会发挥，真正的普惠性政策才有可能。

这个时期，中国建立了博士后制度，旨在培养、吸引和使用高层次优秀人才，促进人员流动。2001年《博士后管理工作规定》发布，规定已取得博士学位，品学兼优，身体健康，年龄在四十岁以下的人员，可以申请从事博士后研究工作。设站单位培养的博士，除特殊情况经批准外，不得申请进入本单位同一个一级学科的流动站从事博士后研究工作。博士后研究人员在站工作期限一般为两年，也可以根据科研工作需要适当延长，但最长不超过三年。博士后研究人员工作期满后必须出站，或者转到另一个流动站或工作站从事博士后研究工作。

这个时期，对科技人员的行为规范也进行了引导。1999年，科学技术部、教育部、中国科学院、中国工程院联合发布《关于科技工作者行为准则的若干意见》，提出规范科技工作者行为准则的若干意见共十条，目的在于在建立和完善社会主义市场经济体制的新形势下，提高科技工作者的政治素质、业务能力和道德修养，规范科技工作者行为。

2008年，在国际金融危机冲击下，为了发挥科技支撑作用，促进经济平稳较快发展，专门出台了鼓励科技人员为企业服务的政策。2009年3月24日，科技部、教育部、国务院国有资产监督管理委员会、中国科学院、中国工程院、国家自然科学基金委员会、中国科学技术协会联合发布《关于动员广大科技人员服务企业的意见》。

科技人员可以为企业从几个方面提供服务。第一，加快科技成果转化。科技人员可以带技术和成果到企业去，加快现有先进适用技术、成果在企业的推广应用和产业化步伐。第二，帮助企业技术研发。科技人员参与企业关键技术攻关，提供产品开发咨询服务，促进企业技术改造和产品升级。第三，改善企业技术创新管理水平。帮助企业完善研发体系，构建技术创新平台，加强研发队伍建设。第四，帮助企业解决经营管理问题。科技人员引导企业提高管理水平，提供经济、法律等方面的咨询，帮助企业开拓投融资和市场渠道，为企业健康发展提供有效支持。第五，构建产学研合作的有效模式和长效机制。文件提出，广大科技人员要充分发挥产学研合作的桥梁和纽带作用，探索多种服务方式，推动人才、技术等各类创新要素向企业集聚。第六，针对企业发展急需的人才，发挥各类机构、组织的优势，采取请进来、走出去，集中培训、实际操作等方式，为企业培养科技、管理等方面的人才。

根据这项政策，科技人员派出期间，其原职级、工资福利和岗位保留不变，工资、职务、职称晋升和岗位变动与派出单位在职人员同等对待，并把科技人员服务企业的工作业绩，作为评聘和晋升专业技术职务（职称）的重要依据。对于做出突出贡献的，优先晋升职务、职称。

这项政策的实际作用很难直接评价。从政策的背景来看，有很强的应急色彩。从政策导向看，开展研发活动、带研发队伍等方面是科技人员所擅长的，而成果转化、创新管理等方面往往并不是科技人员所擅长的，有的方面也恰恰是科技人员自身所欠缺的。而且，在评价、考核、奖励方面虽然做出了积极引导，但没有具体有力的落实标准，科技人员难以在没有充分准备的情况下投入到企业的活动中去，其所在单位也难以调整自身已有的任务安排，对进入企业的人员进行有针对性的激励。因此，这项政策的导向作用远远大于操作上的规范性。

FROM ABSORPTION TO INNOVATION-DRIVEN
从"大胆吸收"到"创新驱动"

第八章
科教兴国：知识经济时代的权益、互动和开放

1990年前后，世界上发生了一系列重大事件，苏联解体、东欧剧变、海湾战争等。经济区域一体化也发生了一个重大事件，1991年12月，欧洲共同体马斯特里赫特首脑会议通过《欧洲联盟条约》，1993年11月1日条约正式生效，欧盟正式诞生。这个时期也是信息时代的开始，世界各国的经济联系日益密切，出现了贸易自由化、生产全球化、资本国际化的趋势。高新技术产业在主要发达国家快速发展，特别是美国，通过信息技术等方面的优势夺回了被日本、德国曾挑战的地位。1980—1995年，美国高新技术产值年平均实际增长近6%，其他制造业为2.4%。1989年，高新技术产品只占总产值的13%，1995年达到15%，20世纪90年代后半期比前半期有所增加。在1993—1996年国内生产总值的增长中，有27%来自高科技产业，来自汽车制造业的只有4%，来自居民住宅建筑的为14%[38]。以信息技术为代表的高科技像飓风一样席卷着全球经济。

知识经济时代

1992年十四大召开后，确立了中国要建立社会主义市场经济制度，后来"邓小平南方讲话"，股票、证券等与市场经济相关的新机制不断出现，需要一部法律来调整微观层次的经济组织关系。1993年《中华人民共和国公司法》出台，1994年7月1日正式施行，这部法律特别注重国有企业的改制。《公司法》第二十七条中，股东可以用货币出资，也可以用实物、知识产权、土地使用权等可以用货币估价并可以依法转让的非货币财产作价出资。相比之前的《股份有限公司规范意见》等文件，这里只提到用知识产权出资，并且要求可以依法转让。

从一系列的企业法律到《公司法》有什么样的本质变化？这种经济管理基本制度的调整对科技活动有什么影响？这意味着，在一般情况下，如果公司资不抵债，债权人只能在公司自有资产范围内得到清偿，而不能要求公司的投资人承接公司资产不足清偿的部分。这种明晰有限权责的制度设计，使投资人有更大的冒险精神去创新。这一变化，对中国的企业技术创新是至关重要的，这也是对企业技术创新具有决定性作用的基本制度之一。

1994年，国务院在领导制定"九五"计划及2010年长远规划时，提出了科技兴国的思想。经过长时间的酝酿，在广泛征求科技界及各民主党派、工商联负责人和无党派人士意见的基础上，1995年5月6日，中共中央、国务院发布了《关于加速科学技术进步的决定》（以下简称《决定》），做出实施科教兴国战略的重大决策。1995年5月26日至30日，中共中央、国务院召开全国科学技术大会，宣传贯彻科教兴国战略。当时，会议被认为是新中国成立以来科技事业发展的第三个里程碑，另两个科技事业发展的里程碑为1956年知识分子会议和1978年全国科学大会[39]。

这就意味着，要把科技和教育摆在经济、社会发展的重要位置，增强国家的科技实力及向现实生产力转化的能力，提高全民族的科技文化素质，把经济建设转移到依靠科技进步和提高劳动者素质的轨道上来。当时的背景，从国际方面来说，第三次科技革命方兴未艾，已经转化为巨大的社会生产力，特别是高新技术发展迅速、知识经济兴起；从国内方面来说，1992年，中共十四大明确了经济体制改革的目标是建立社会主义市场经济体制。社会主义市场经济提出后，中国的社会主义经济建设长足发展，科学和技术活动的商品属性增强。

1996年《国务院关于"九五"期间深化科学技术体制改革的决定》发布，提出加强基础性研究、应用研究、高技术研究和重大科技攻关活动，增加科技储备，解决国民经济建设和社会发展中重大、综合、关键、迫切的技术问题，尽快缩小与国际先进水平的差距。大多数研究开发机构直接进入市场，加速科技成果转化，大幅度提高社会生产力和经济效益，提高农业、工业和第三产业的科技水平。"九五"期间，要初步建立起适应社会主义市场经济体制和科技自身发展规律的科技体制。形成科研、开发、生产、市场紧密结合的机制，建立以企业为主体、产学研相结合的技术开发体系和以科研机构、高等学校为主的科学研究体系以及社会化的科技服务体系，提高科技在国民经济中的贡献率。在主要措施中，提出科技计划项目主要实行招标制，面向社会公开招标，保证立项的科学性和竞标的公开、公正性。科研机构在保证完成国家和主管部门下达任务的前提下，享有内部管理等方面的自主权，成为面向社会的独立法人。不同类型的科研机构应探索包括院所长负责制、理事会决策制等方面的改革，探索项目专家负责制的试点。对项目的实施要进行跟踪评估。

1997年9月的中共十五大报告也特别强调："要充分估量未来科学技术特别是高技术发展对综合国力、社会经济结构和人民生活的巨大影响，把加速科技进步放在经济社会发展的关键地位，使经济建设真正转到依靠科技进步和提高劳动者素质的轨道上来。"[40]

1998年6月25日，国务院发布《关于成立国家科技教育领导小组的决定》。这个决定，旨在实施科教兴国战略，加强对科技、教育工作的宏观指导和对科技重大事项的协调，推进科技、教育体制改革。国家科技教育领导小组的主要职责是：研究、审议国家科技和教育发展战略及重大政策；讨论、审计科技和教育重要任务及项目；协调国务院各部门及部门与地方之间涉及科技或教育的重大事项。当时，领导小组组长为朱镕基，成员部门包括原国家发展计划委员会、国家经济贸易委员会、教育部、科技部、国防科学技术工业委员会、财政部、农业部、中国科学院、中国工程院等部门。

为了实施科教兴国战略，加强科学技术普及工作，提高公民的科学文化素质，也上升到法律的层面。2002年6月29日，《中华人民共和国科学技术普及法》由第九届全国人民代表大会常务委员会第二十八次会议审议通过。该法适用于国家和社会普及科学技术知识、倡导科学方法、传播科学思想、弘扬科学精神的活动。国务院科学技术行政部门负责制定全国科普工作规划，实行政策引导，进行督促检查，推动科普工作发展。

成果转化

如同技术引进一样,技术成果转化长期以来都是科技政策中广受关注和争议的领域。在1978年文件的基础上,1984年《关于科学技术研究成果管理的规定(试行)》出台,对科技成果继续实行分级管理。国家科委负责管理国家级重大科技成果;国务院各有关部门和各省、自治区、直辖市科委负责管理本部门、本地方的重大科技成果;各基层单位负责管理本单位的全部科技成果。

第四条规定,国家科委对收到的符合条件的国家级重大科技成果,按申报在先的原则予以登记,并在国家科委《科学技术研究成果公报》上公布。《科学技术研究成果公报》公布的科技成果是国内首创查新的重要依据之一。第七条规定,科技成果是国家的重要财富,全国各有关单位都可利用它所需要的科技成果,一切成果的完成单位都有向其他单位交流、推广(或转让)本单位科技成果的义务,绝不允许封锁和垄断。这样,科技成果管理的重点就落在了登记制度方面。

2000年12月7日,《科技成果登记办法》由科技部发布。这个办法的目的,是为了保证及时、准确和完整地统计科技成果,为科技成果转化和宏观科技决策服务。办法要求,执行各级、各类科技计划(含专项)产生的科技成果应当登记;非财政投入产生的科技成果自愿登记。自2001年1月1日起施行后,原有《关于科学技术研究成果管理的规定》废止。

关于科技成果转化的议题,1996年上升到国家法律的层面,

第八章 科教兴国：知识经济时代的权益、互动和开放

当年出台了《中华人民共和国促进科技成果转化法》。这里所称科技成果转化，是指为提高生产力水平而对科学研究与技术开发所产生的具有实用价值的科技成果所进行的后续试验、开发、应用、推广直至形成新产品、新工艺、新材料，发展新产业等活动。科技成果完成单位将其职务科技成果转让给他人的，单位应当从转让该项职务科技成果所取得的净收入中，提取不低于 20%的比例[①]，对完成该项科技成果及其转化做出重要贡献的人员给予奖励。2015 年，《促进科技成果转化法》完成修订，除了提高奖励比例下限外，其特点还在于：规定国家设立的研究开发机构、高校对其持有的科技成果，可以自主决定转让、许可或者作价投资。转化科技成果获得的收入全部留归本单位。同时，也强化了企业在科技成果转化中的主体作用。

《国家科技成果重点推广计划管理办法》1997 年发布。这个计划的目的，是促进科技成果转化为现实生产力，促进行业技术进步，形成规模效益。其宗旨是有组织、有计划地实行国家级、省（自治区、直辖市）、国务院有关行业部门两级管理和组织实施，将大批先进、成熟、适用的科技成果，以及高新技术成果推入经济活动。项目经费由国家、地方（部门）、项目实施单位三方共同筹集，来源包括财政拨款、贷款、企业自筹资金及吸收外资等。

针对科技创新过程中科技成果向现实生产力转化环节动力不足、投入力度弱等问题，国家从 1996 年开始相继出台了股权

---

① 该比例在2015年的《促进科技成果转化法》修订中已提高至不低于50%。

方面的政策，例如1997年的《关于以高新技术成果出资入股若干问题的规定》，就是为了规范以高新技术成果出资入股行为，促进高新技术产业的发展。这个文件提出以高新技术入股可以超过企业或有限责任公司注册资本金的20%，达到35%，对于另有约定的，可以超过35%，实践中有一些企业已经超过50%。出资入股的高新技术成果需经工商行政管理机关登记注册的评估机构评估作价。国有资产评估结果依法需由有关行政主管部门进行确认的，还应办理确认手续。

这项政策的实施，使科技成果直接实现了向生产要素的转化，同时以资产的形式体现了它的市场价值，并且对于技术成果完成人（或单位）也起到了很大的激励作用。政策的另一个作用是使技术开发者与技术成果产业化机构之间建立起风险共担、利益共享的机制，对于有效转化科技成果为现实生产力起到了关键性作用。

1999年《关于以高新技术成果作价入股有关问题的通知》提出，以高新技术成果向有限责任公司或非公司制出资入股，继续执行上文提到的科技部、国家工商行政管理局联合颁布的《关于以高新技术成果出资入股若干问题的规定》及其《实施办法》规定的审查认定程序；但高新技术成果作价金额在500万元人民币以上，且超过公司或企业注册资本35%的，由科技部审查认定。

促进高新技术创新，关键是发挥一流人才的作用。财政部、科技部从2000年开始对国有高新技术企业内部骨干科技和管理人员实行股权激励试点，在北京经过近3年试点，2002年由国务院办公厅转发财政部、科技部起草的《关于国有高新技术企业开展股权激励试点工作的指导意见》,试点主要采取奖励股权(份),股权(份)出售、技术折股等方式进行。

奖励股权(份),即指企业按照一定的净资产增值额,以股权方式奖励给对企业的发展做出突出贡献的科技人员;股权(份)出售,即指根据对企业贡献的大小,按一定价格系数将企业股权(份)出售给有关人员,价格系数应当在综合考虑净资产评估价值、净资产收益率及未来收益等因素的基础上合理确定;技术折股,即指允许科技人员以个人拥有的专利技术或非专利技术(非职务发明),作价折合为一定数量的股权(份),其中用于激励的资产,是从企业近三年通过正常经营性营利所积累的净资产增值部分的35%中取得。

股权激励试点政策的实施,对于企业技术和管理骨干起到了巨大的激励作用,不但能够使他们安心工作,而且可以调动其潜在的积极性和创造性。从政策设计的思路上,与1960年后设计的一系列科技人员奖励政策已完全不同,更符合市场的规律,而前者则更多从科学和技术发展的角度来看问题。

《促进科技成果转化法》修订后,《实施〈中华人民共和国促进科技成果转化法〉若干规定》于2016年2月发布,强调了国家设立的研究开发机构、高等院校对其持有的科技成果,可以自主决定转让、许可或者作价投资,除涉及国家秘密、国家安全外,不需审批或者备案。这些机构也应当建立健全科技成果转化重大事项领导班子集体决策制度。

对于有行政职务的科研人员是否能获得现金或股权激励,

一直是有争议的话题。若干规定对此进行了明确的分类，对于那些是科技成果的主要完成人或者对科技成果转化做出重要贡献的人员，如果是具有独立法人资格单位的正职领导，可以按照《促进科技成果转化法》的规定获得现金奖励，原则上不得获取股权激励。其他担任领导职务的科技人员，可以依法依规获得现金、股份或者出资比例等奖励和报酬。

2016年5月，国务院办公厅又发布了《促进科技成果转移转化行动方案》，部署实施一批有针对性的举措和具体任务，包括成果转化机构、人员、服务体系等方面。

在注重机制的同时，为加快科技成果转化，政府也加强了实体机构的建设，其中包括工程技术研究中心。相对于科研院所，工程技术研究中心并不是独立的法人，而是在已有法人机构的基础上建立的科技开发实体。工程中心主要依托行业、领域内科技实力雄厚的重点科研机构、科技型企业或高等院校，拥有国内一流的工程技术研究开发、设计和试验的专业人才队伍，具有较完备的工程技术综合配套试验条件，能够提供多种综合性服务，与相关企业紧密联系，同时具有自我良性循环发展机制。

《国家工程技术研究中心暂行管理办法》在1993年发布，2000年又进行了修订。第一版文件中，说明了组建工程技术研究中心的目的，是加强科技成果向生产力转化的中心环节，缩短成果转化的周期。中心在组建期间，其所需经费采取"三三"制的原则，即国家拨款、银行贷款、主管部门或依托单位自筹各占三分之一。在政策优惠方面，中心研制开发出的中试产品，报经国家科委审批后，优先列入国家新产品试制鉴定计划和中

第八章 科教兴国：知识经济时代的权益、互动和开放

试产品免税立项，也可享受国家有关减免所得税、产品税和增值税优惠。

中心的依托单位可以是单一独立的科研机构，也可以是多个科研单位（包括高等院校）组合起来的群体。中心在开展工程化研究开发业务方面相对独立，经济上实行独立核算，独立账户，可与依托单位共有一个法人代表。

知识产权

改革开放以来，中国的知识产权立法和执法工作一直在迅速完善，强化对知识产权的保护是当时的另一个政策热点领域。1994年7月5日，国务院发布《关于进一步加强知识产权保护工作的决定》。在那个时期，中国加快知识产权立法步伐，先后公布了《商标法》《专利法》《技术合同法》《著作权法》和《反不正当竞争法》等法律，并且已初步与国际标准接轨，对推动中国改革开放和现代化建设起到了积极作用。

但当时，全社会的知识产权意识还比较薄弱，有的地区和部门对保护知识产权的重要性缺乏足够认识，一些严重侵权行为不仅损害了产权所有人的合法权益，而且损害了法律的尊严。这个决定，从知识产权制度建设、监督、协调、对外贸易等方面，对涉及知识产权的政府、企业、科研机构等进行了方向性的指导。

对知识产权的保护是实现成果转化的前提，特别是对于公共财政支持实现的科技成果。对此，科技部发布《关于加强与科技有关的知识产权保护和管理工作的若干意见》，要改革科技

计划管理体制，把知识产权管理纳入科技计划管理工作的全过程。这个意见要求，各级科技行政管理部门要结合科技规划、重大专项、专题、课题的立项和进展，制定相应的知识产权战略，进行必要的知识产权状况分析和评估。各项科技管理工作中，围绕知识产权的工作也大幅度增加，如将知识产权拥有量及其保护和管理制度建设状况作为高新技术企业资格认定、科技人员职称评定、科技奖励评审等工作的重要指标。在政策制定中，要严格按照《合同法》《专利法》《著作权法》《计算机软件保护条例》《植物新品种保护条例》等法律、法规的规定，界定职务技术成果和非职务技术成果的知识产权权属，尊重单位对职务技术成果的使用权、转让权和收益权。同时，也要鼓励知识和技术作为生产要素参与分配，保障职务技术成果完成人的技术权益和经济利益。

即使以现在的视角来看，这份文件也体现了丰富的政策内容。如对科技计划形成成果的知识产权归属问题，文件进行了详细的阐述。除科技计划项目主管部门与承担单位在合同中有明确约定外，执行国家科技计划项目所形成科技成果的知识产权，可以由承担单位所有。执行国家科技计划项目所产生的发明权、发现权及其他科技成果知识产权等精神权利，属于对项目单独或者共同做出创造性贡献的科技人员。对于承担单位无正当理由不采取或者不适当采取知识产权保护措施，以及无正当理由在一定期限内确能转化而不转化应用科技计划项目研究成果的，科技计划项目的行政主管部门可以依法另行决定相关研究成果的知识产权归属，并以完成成果的科技人员为优先受让人。

为贯彻落实《中共中央、国务院关于加强技术创新,发展高科技,实现产业化的决定》精神,促进自主知识产权总量的增加,加强科技成果转化,保障国家、单位和个人的合法权益,对以财政资金资助为主的国家科研计划项目研究成果的知识产权管理,《关于国家科研计划项目研究成果知识产权管理的若干规定》2002年3月5日由科技部、财政部发布。这个文件规定:科研项目研究成果及其形成的知识产权,除涉及国家安全、国家利益和重大社会公共利益的以外,国家授予科研项目承担单位。项目承担单位可以依法自主决定实施、许可他人实施、转让、作价入股等,并取得相应的收益。项目承担单位转让科研项目研究成果知识产权时,成果完成人享有同等条件下优先受让的权利。

上述一系列的政策协调了科技成果与知识产权之间的关系。这个时候,一个新的影响因素出现了,那就是中国加入WTO。根据加入WTO的要求,《专利法》《商标法》《著作权法》等知识产权法律都进行了必要的修改,从立法上已符合WTO《与贸易有关的知识产权协定(TRIPS)》的要求,以法院为核心的司法体系和以专利、工商、版权等行政管理部门为核心的行政执法体系已基本形成和运转。

与此同步,科技领域也就知识产权管理进行了调整,2002年《科技部加强与科技相关的知识产权保护和管理工作的思路和安排》发布。与一般的政策文件相比,这个文件更像一份调查研究报告。文件提出了当时中国科技领域知识产权管理的问题，虽然与研究开发投入强度较低等因素有关，但在很大程度上也与当时的工作、体制、政策、机制（尤其是激励机制）等方面存在的问题有关。这包括科技管理与知识产权管理结合不紧密，知识产权权利归属与利益分配制度不完善，专利等知识产权指标在科技活动评价指标体系中所占比重较小等。例如，修改后的《专利法》明确规定了国有企事业单位申请获得的专利，属该单位"所有"，改变了过去由该单位"持有"的做法。

文件提出了加强与科技相关的知识产权保护和管理工作的总体目标，即以强化知识产权资源开发为目的，增强自主知识产权总量，提高自主知识产权的技术水平。进一步完善科技计划管理体制，运用知识产权战略提升科技创新层次。建立和完善与科技相关的知识产权政策体系和支撑服务体系。

2003年4月4日，科技部发布《关于加强国家科技计划知识产权管理工作的规定》。科技行政管理部门编制科技计划项目指南时，对于明确提出技术指标要求的重点领域，应委托有关机构对国内外（包括主要国家和地区、主要研究机构和企业等）的知识产权状况进行调查，形成调查分析报告，作为制定发布指南的依据和确定项目研究开发路线的参考，避免研究开发的盲目性和重复。申请国家科技计划项目应当在项目建议书中写明项目拟达到的知识产权目标，包括通过研究开发所能获取的知识产权的类型、数量及其获得的阶段，并附知识产权检索分析依据。科技行政管理部门应当把知识产权作为独立指标列入科技计划项目评审指标体系，合理确定知识产权指标在整个评价指标体系中的权重。在项目执行过程中跟踪该领域的知识产权动态，及时调整研究策略和措施。

在教育领域，围绕知识产权也出台了政策，与科技领域的知识产权管理形成了呼应。1999年4月8日，教育部颁布第3号令《高等学校知识产权保护管理规定》，明确了高等学校在知识产权方面的义务。职务发明创造申请专利的权利属于高等学校，专利权被依法授予后由高等学校持有。职务技术成果的使用权、转让权由高等学校享有。

其中，第二十六条规定，高等学校将其知识产权或职务发明创造、职务技术成果转让给他人或许可他人使用的，应当从转让或许可使用所取得的净收入中，提取不低于20%的比例，对完成该项职务发明创造、职务技术成果及其转化做出重要贡献的人员给予奖励。为促进科技成果产业化，对经学校许可，由职务发明创造、职务技术成果完成人进行产业化的，可以从转化收入中提取不低于30%的比例给予奖酬。第二十七条规定，高等学校及其所属单位独立研究开发或者与其他单位合作研究开发的科技成果实施转化成功投产后，高等学校应当连续3～5年从实施该项科技成果所取得的收入中提取不低于5%的比例，对完成该项科技成果及其产业化做出重要贡献的人员给予奖酬。

此外，高等学校可以建立知识产权办公会议制度，逐步建立健全知识产权工作机构。有条件的高等学校，可实行知识产权登记管理制度；设立知识产权保护与管理工作机构，归口管理本单位知识产权保护工作。这项规定适用于国家举办的高等学校、高等学校所属教学科研机构和企业事业单位，社会力量举办的高等学校及其他教育机构也参照适用。

走出去

在对外开放、吸引国外投资和先进技术的同时，中国的高新技术产业也需要开辟外向型的发展空间。这个时期，中国的技术政策的着眼点，开始放在了国际市场，"走出去"的概念应运而生。走出去，实质上是促进中国有竞争力的产品，特别是高新技术产品，能够打开国际市场，事后来看，这是中国制造开始崛起的一个重要节点。

为了增强产品国际竞争力，自1997年开始，科技部、原外经贸部等部门联合推进了科技兴贸计划，先后制定并实施了《推进高新技术产品出口的指导意见》《国家高新技术产业开发区高新技术企业产品基地认定暂行办法》和《中国高新技术产品出口目录》等政策措施。自1999年开始，科技部、外经贸部建立联合组织的领导机制，按照"有限目标、突出重点、面向市场、发挥优势"的原则，首先选择信息与通信、生物医药、新材料、消费类电子和家电五个领域支持其优先发展，并用三年左右时间建设这五个领域的研发和生产基地。同时，通过组织大型高新技术成果交易会等措施，经过3~5年时间，要将中国高新技术产品的出口额在已有基础上实现年增加30%，使高新技术产品出口额占总出口额的14%以上，2010年达到30%。这些政策措施发挥了巨大作用，直接推动了中国高技术产业规模达到全球第二，高技术产品出口额也居世界前列。

第八章 科教兴国：知识经济时代的权益、互动和开放

专家的力量

在前文的叙述中，大家可能有些印象，中国科技政策的议题提出、制定，在非常大的程度上体现着领导人的意志。随着政策内容专业化程度的提高，科技政策的制定过程已不再是单纯的政府行为，专业人员在政策制定中的作用开始体现。这方面，《中关村科技园区条例》是一个很生动的例子，从立法的角度开辟了先河。中关村是科研机构和科技人才密集区，虽说科学技术是生产力，但在科学技术从知识形态的生产力转化为直接的、现实的生产力的过程当中，体制问题一直贯穿始终，并起着难以估量的作用。

有时候，改革者会成为改革的阻力。有足够的证据表明，政府曾设想制定一部"高新技术区法"，当时全国人民代表大会教科文卫委员会、国家科委、北京市都曾推动这个动议，还在西安和天津召开两次会议，试图确立一个法律框架。直到1999年夏天，始终没有实质性的进展。立法进程缓慢的原因，在于法律的设计者主要由政府官员组成，每个官员都代表了自己所属的部门利益，都希望借助这个过程实现自己的想法。

据当时的参与人回忆，"他们是一些富有献身精神的行政组织者，而不是法律专家，缺少立法的专业精神和知识，甚至不能分辨行政方针和法律原则之间有什么区别""他们可以找出100条理由说明加快立法的好处，也可以找出100条理由让一个立法进程无休止地拖延下去。每当新法律与旧法律发生冲突时，他们就急流勇退。因为在他们的理念中，所有现存的法律都是

金科玉律。"[28]360-361

历经一年多的广泛讨论和反复修改，条例以地方性法规的身份终获通过，并已于2001年1月1日生效。这部法规所具有的最为鲜明的特色，是它在许多方面突破了现行法律和行政法规的具体规定[41]。条例制定过程中采用了一种合作性的新思路来解决冲突，例如，条例强调了法无明文禁止即为合法。《条例》第七条第三款："组织和个人可以在中关村科技园区从事法律、法规和规章没有明文禁止的行为，但损害社会公共利益、扰乱社会经济秩序、违反社会公德的行为除外。"

正如中国农村的联产承包责任制是由安徽小岗农民自发地先干起来，后来才得到国家政策和法律的认可一样，《条例》中所涉及的很多问题首先不是由政府，而是由企业提出的，是市场主体自身发展的要求与政府部门服务市场、引导市场的意图相结合的产物[42]。《条例》的立法原则体现在保护知识产权、实行国际通行做法、还权于社会等方面。同时，条例也很好地体现弹性立法之原则，为随后与之配套、可应时而出、具有极大灵活性的"规章""解释"之类的规范性法律文件留有余地。

专家的作用也体现在科技评估受到重视，成为一项明确的业务类型。2000年12月28日，《科技评估管理暂行办法》发布。办法中所指的科技评估，是指由科技评估机构（以下简称评估机构）根据委托方明确的目的，遵循一定的原则、程序和标准，运用科学、可行的方法对科技政策、科技计划、科技项目、科技成果、科技发展领域、科技机构、科技人员以及与科技活

第八章 科教兴国：知识经济时代的权益、互动和开放

动有关的行为所进行的专业化咨询和评判活动。政府行政机关、企业、其他社会组织或者个人对科技活动预测、决策、管理、监督和验收等，可以委托评估机构进行评估。委托方、评估机构和评估对象是科技评估的三个基本要素。科技评估按科技活动的管理过程，一般可分为事先评估、事中评估、事后评估和跟踪评估四类。从事科技评估业务的评估机构必须持有科技部颁发的科技评估资格证书。科技评估资格证书由科技部统一印制。

专家的影响还体现在"双休日"这一政策的出台。1995年3月25日，时任国务院总理的李鹏签署了国务院第174号令，发布《国务院关于修改〈国务院关于职工工作时间的规定〉的决定》，决定自1995年5月1日起实行双休日，即"国家机关、事业单位实行统一的工作时间，星期六和星期日为周休息日"。从这时开始，双休日改变了千家万户的生活方式。周末出游、购物不仅拉动内需，促进消费，也很好地让人们身心得到放松。此后，"黄金周"、弹性工作制等的实施，让人们的工作生活有更加多元化的选择。

大家可能想不到的是，"双休日"这一目前大家习以为常的安排，是由研究科技政策的人员提出的。这项政策，从提出到变成现实历经约十年，反映出从政策理念到现实长期、复杂的过程。

一周五天工作制度的提出，源于学者们的出国考察。1986年，原国家科委中国科技促进发展研究中心主任胡平率先提议实行双休日。"老胡经常出国考察，发现几乎所有西方国家都实行五

天工作制度，不但没有影响国家发展，反而拉动了旅游等产业的发展，于是请示科委主任宋健，希望在国内实行五天工作制度。"研究中心的孔德涌研究员回忆，宋健批示可先行研究，同时划拨了课题经费[43]。

胡平的建议浮出水面后，质疑声音不断。当时最普遍的观点就是，"实行一周六天工作制度，尚感觉时间不够用，如果减少一天，四个现代化何时才能达到？"有人认为，资本主义国家搞的东西，在中国推行不适合。另外，国家还在建设期间，不应该减少工作时间。由于遭到反对，原计划上报国务院的五天工作制，在科委被否掉了。因宋健的支持和孔德涌等人的努力，研究工作更加系统地展开。这次，研究人员兵分数路，进入北京、上海、重庆等大城市的大型国企，对六天工作制的效率比展开了全面统计。

1987年，课题组有了调查结果，缩短工时不会影响国家建设。调查发现，国内一周六天工作制的效率并不高。比如，上班时间织毛衣、嗑瓜子的现象比比皆是，加上周六迟到早退等，工人实际的工作时间比实行五天工作制度的欧美国家还要少。此外，80%的受访者对五天工作制表示了支持。小规模的五天工作制试点，也在科委内部展开。尝试中发现，五天工作制非但没有影响工作成绩，得到充足休息的员工工作效率反而更高。

1993年前后，孔德涌再次将实行五天工作制度的想法上报到科委，随后科委联合劳动部等部门向国务院汇报，后经全国人大讨论决定，从1994年开始实行隔周双休。1995年5月1日，双休日制度在全国范围内正式实行。

这个例子也说明，政策需要扎实的调研，在调研中发现的事实才有说服力。政策研究者也需要能够影响决策者的渠道，决策者的直接参与不仅能够更容易达成共识，而且研究者和决策者的互动反馈机制也使得政策问题被更透彻地解决。更重要的是，一些操作措施的提出，需要扎实的研究支持，特别是对一些潜在的影响需要量化的测算，这使得政策制定的科学化水平大大提高。虽然这项政策与科技没有直接的关系，但可以作为科技政策研究参考的一个成功经验。

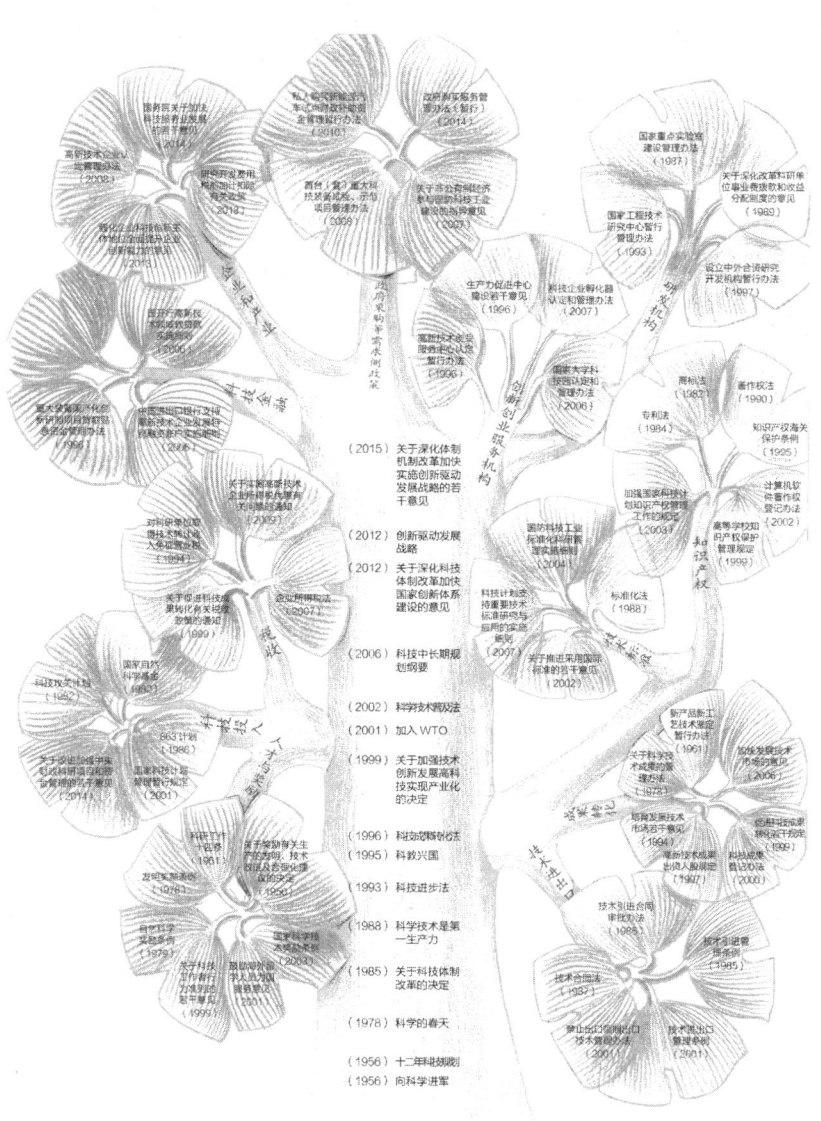

FROM ABSORPTION TO INNOVATION-DRIVEN
从"大胆吸收"到"创新驱动"

第九章
院所改革:一次次站在十字路口

科研院所改革的议题,长期以来一直困扰着作者,很大程度上是因为它的复杂、不确定性。其内容非常丰富,但落下去往往又线索重重,难以深谈。直到有一次,作者读到一段话,才对科研院所的制度有了更深的理解,"一个客观的事实是,由于传统科研院所长期以来在地位上或依附于某一企业或企业集团,从事与企业直接相关的科学论证和技术研发;或隶属于政府各级部门,接受政府各级部门行政指令开展科学研究活动;或由国家出资设立,围绕国家和政府的统治与服务职能,在国家财政资助下开展科研活动;或依附于公共物品的特性,表现为公益类制度。这种状况致使其总是借用别的制度形式生存。科研院所制度,作为一个概念,一个生长着的经济组织形式,被其他各种经济组织形式掩盖、替代甚至淹没了。"[44] 也就是这个领域,却发生了历次科技体制改革中,给人印象最深的事件。

经济体制的快速调整

自 1992 年提出建立市场经济体制开始,国有企业改革沿市场化方向推进。中共中央十四届三中全会提出,"建立现代企业制度,是发展社会化大生产和市场经济的必然要求,是我国国有企业改革的方向",现代企业制度的基本特征是"产权清晰、权责明确、政企分开、管理科学"。1993 年 12 月,《中华人民共和国公司法》颁布出台。随着市场竞争日趋激烈,企业分化日趋明显,一些企业脱颖而出,也有不少企业陷入了困境。1994 年左右,这一改革进入了深水区,国有企业长期存在的弊端到

第九章　院所改革：一次次站在十字路口

了需要下决心解决的阶段。大量的国有企业需要优化资本结构、兼并重组、规范破产、下岗分流、减员增效，实行优胜劣汰的竞争机制。

1994年，国务院出台了《关于在若干城市试行国有企业破产有关问题通知》（国发〔1994〕59号），就破产企业的职工安置、土地权使用、破产财产处置、担保处理等问题进行了规定。1997年，国务院又发布了《关于在若干城市试行国有企业兼并破产和职工再就业有关问题的补充通知》，就一些城市和地区违反国发〔1994〕59号文件适用范围实施企业破产的问题进行了纠正。后来，国家经济贸易委员会在《关于1998年国有企业改革和发展工作的意见》中提出，要用三年左右的时间，通过改革、改组、改造和加强管理，使大多数国有大中型亏损企业摆脱困境。

这一轮国有企业改革，是当时经济体制改革的中心环节，也是当时的政策焦点，其主要的政策导向就是建立现代企业制度。这些改革对科技的影响有两个方面，一是人们会认为，采取了企业化的管理机制活力就会提高，科研机构自然而然也应如此，后来的科研院所转制实际上受到了这种想法的影响；另一个影响是，人们将现代企业制度的概念套用到科研领域，由此出现了现代院所制度，很多人还对此开展了研究。但是，即使到今天，这一概念更多停留在政策表述中，到底什么是现代院所，有什么代表性院所，实际上仍是见仁见智的话题。

1994年，中国实施了税制改革。20世纪80年代以后，中国出现持续性的高速经济增长。1980年到1990年，国内生产总值平均增率为9.5%。但是，经济的高速增长并没有带动和促进国家财力的同步增长,税收收入的增长速度明显落后于税源的增长速度。从 1979 年财政收入占 GDP 的比重为 28.4%,到 1993 年已经下降到 12.6%,大体上每年下降一个百分点还要多。而另一方面,中央财政收入占全国财政收入的比重也由 1979 年的 46.8% 下降为 1993 年的 31.6%,中央财政的收支必须依靠地方财政的收入上解才能平衡[45]。由于中央财政收入严重不足,从 20 世纪 80 年代末到 20 世纪 90 年代初,甚至发生过两次中央财政向地方财政"借钱"并且借而不还的事。这一现象,造成了中央政府调控能力的弱化和中央财政的被动局面,宏观政策意图的贯彻难以得到充分的财力保证。

1993 年 12 月 15 日,国务院发布《关于实行分税制财政管理体制的决定》,在中央政府与地方政府之间进行了事权与财权的重新划分,中央将税收体制变为生产性的税收体制,通过征收增值税,将 75% 的增值税收归中央,而地方获得 25% 的收益。这次税制改革,对利益调整的深度和广度在新中国历史上前所未有,影响是全方位的,对科技发展也不例外。中央政府有了更充分的财力,去支持更多前瞻性的科技活动,如属于中央事权和支出的领域包括：中央直属企业的技术改造和新产品试制费,中央本级负担的文化、教育、卫生、科学等各项事业费支出等。对地方而言,事权和支出主要针对地方企业的技术改造和新产品试制经费,一些经济基础好的地区能够自主地加大科研投入。这次改革开始实施的转移支付制度,在扶持经济不发达地区的科技发展方面建立了新的财政支持机制。

与科技相关的政策理念,也发生了明显的变化。1999 年 8 月

20日，中共中央、国务院发布《关于加强技术创新，发展高科技，实现产业化的决定》（以下简称《决定》）。《决定》将技术和创新的概念提到了前所未有的高度，这使得科技政策有了创新政策的内涵。《决定》中认为，创新是一个民族进步的灵魂，是国家兴旺发达的不竭动力。而技术创新，则是指企业应用创新的知识和新技术、新工艺，采用新的生产方式和经营管理模式，提高产品质量，开发生产新的产品，提供新的服务，占据市场并实现市场价值。

《决定》中，大量的篇幅对企业技术创新进行了分类叙述。比如，首次提到了"企业是技术创新的主体"。国有企业要把建立健全技术创新机制作为建立现代企业制度的重要内容，要把提高技术创新能力和经营管理水平作为企业走出困境、发展壮大的关键措施。大中型企业要建立健全企业技术中心，加速形成有利于技术创新和科技成果迅速转化的有效运行机制。高新技术企业每年用于研究开发的经费要达到年销售额的5%以上。应用型科研机构和设计单位原则上要转为科技型企业、整体或部分进入企业、转为中介服务机构等。政府将通过科技项目招标方式，继续对这些科技型企业从事的共性、关键性、前沿性产业技术研究活动予以支持。

民营科技企业作为推动中国高新技术产业的一支新生力量，得到了直接的资金支持，也获得更加平等、宽松的政策环境。国家科技型中小企业技术创新基金要对民营科技企业给予支持，要从管理制度上保证民营科技企业能够平等地参与政府科技计划项目的竞标。允许民营科技企业采用股份期权等形式，调动有创新能力的科技人才或经营管理人才的积极性。

在科技投入、技术转让、税收、金融服务方面，相对以往有很多新的理念，立足市场、面向企业技术创新的色彩很突出。比如，财政对科技的投入方式，由对科研机构、科技人员的一般支持，改变为以项目为主的重点支持；国家科研计划实行课题制，大力推行项目招投标和中介评估制度。实行政府采购政策，通过预算控制、招投标等形式，引导和鼓励政府部门、企事业单位择优购买国内高新技术及其设备和产品。当时，中国还没加入WTO，这项政策在后几年也对应进行了调整。

在技术转移转化方面，对技术转让、技术开发和与之相关的技术咨询、技术服务的收入，采取了免征营业税的政策。对开发生产软件产品的企业，其软件产品可按6%的征收率计算缴纳增值税，工资支出可按实际发生额在企业所得税税前扣除。对高新技术产品的出口，实行增值税零税率政策。对国内没有的先进技术和设备的进口也实行了税收扶持。

在金融方面，要求金融机构要充分发挥信贷的支持作用，探索多种行之有效的途径，改进对科技型企业的信贷服务。这个时期，面向高新技术产业发展，资本市场、风险投资公司、风险投资基金等开始起步。

科研单位的事业费

在中国，大量的科研机构是事业单位属性，也被称为科研单位。它们的经费一部分来自各种项目，另一部分来自于由财政拨付的事业费。项目经费对于刺激竞争、激发科研人员活力非常重要，而事业费则是维持研究队伍基本稳定的基础。关于各类科研单位的科研事业费，在1987年出台的《关于科学事业费管理的暂行规定》中进行了表述。根据《中共中央关于科学技术体制改革的决定》和《国务院关于科学技术拨款管理的暂行规定》确定的原则，科研单位按其主要从事科学技术活动的特点，划分为技术开发类型，基础研究类型，社会公益事业、技术基础、农业科学研究类型和多种研究类型进行管理。

在经费来源上，对于主要从事技术开发和近期可望取得实用价值的应用研究的科研单位，逐步推行技术合同制；对于主要从事基础研究和近期尚不能取得实用价值的应用研究的科研单位，逐步实行基金制；对于从事医药卫生、劳动保护、计划生育、灾害防治、环境科学等社会公益事业研究，从事情报、标准、计量、观测等技术基础工作和从事农业科学研究的科研单位，原则上实行经费包干制。对于多种研究类型并存的科研单位，经费要多种渠道解决。

获得科研事业费的比例，取决于其他来源经费的获取能力。各种类型科研单位的科学事业费，和其他来源的经费统一核算，也采取分类预算管理。技术开发类型的科研单位，实行差额预算管理；基础研究类型的科研单位，实行全额预算管理；社会公益事业等社会服务性质的科研单位，科学事业费仍由国家拨给，并按经费与任务挂钩的原则，实行全额管理、经费包干；属于多种类型的科研单位，其科学事业费按照审定的科学技术活动分类比重分别管理。各类科研单位预算资金实行"分级管理"

的原则。科研单位向主管部门负责,主管部门向国家科委负责,国家科委向财政部负责。

在1989年发布的《关于深化改革科研单位事业费拨款和收益分配制度的若干意见》中,要求有条件的科研单位要积极推行各种形式的承包经营责任制,纳税后留用的纯收入用于事业发展和改善职工的生活待遇。创收较多的单位,应逐步走向经济自立。事业费完全自立的技术开发类型科研单位,实行经费长期自理、自主使用。对这类单位纳税后留用的纯收入,在保证事业发展的前提下,国家不再规定事业发展、奖励、福利3项基金的比例和具体的分配形式。其中用于分配给个人的部分,可以搞浮动升级,也可以发奖金和建立津贴、补贴等。事业费部分自立的技术开发类型科研单位,实行奖励福利基金提取比例与减拨事业费幅度挂钩,以奖励福利基金占纯收入的50%为基数,事业费每减拨10%,奖励福利基金提取比例增加2%。难以创收的社会公益类型科研单位及某些从事基础研究的科研单位,实行科学事业费包干,并在定编定员基础上,经主管部门会同有关部门批准,可以实行基本工资总额包干,增人不增钱,减人不减钱。

与削减事业费相对应的合同制改革在1984年已启动。那年,国务院发布《关于贯彻开发研究单位由事业费开支改为有偿合同制的改革试点意见》(以下简称《意见》),目的是使科研任务与经费直接挂钩,明确科研单位的技术责任和经济责任,克服"吃大锅饭"的弊病,增加研究单位的动力、活力,提高科研单位的素质,促进科研与生产的密切结合。《意见》认为,把完成国家或上级部门的重点科研任务放在首位,在此前提下,充分挖掘潜力,积极承担社会各方面委托的科研任务。当然,那时更多是从委托而不是政府购买服务的角度看待这个问题。

试点单位承担国家或上级部门提出的重点科研任务和有关部门、单位委托的研制任务,一律要签订合同。与国家或上级部门签订合同,经费由科技发展基金①拨付,其他单位委托的科研任务由委托方提供经费。合同内容大体包括:研究内容,技术、经济指标,提交成果的期限和成果的归属,研究经费和收益分配,以及双方应承担的责任和义务等。合同的经费计算大体包括:人员工资、原材料费、设备使用费、水电能源交通费、管理费和一定比例的经济收益等。科研成果的所有权属于国家。

这些试点单位试行所长负责制,所长由上级任命,实行任期制。副所长由所长提名,上级审批。试点单位的纯收入不上交,用于建立本单位的三项基金:科技基金、集体福利基金和奖励基金。

各个行业、地方由此开展了这项改革。例如,交通部对其直属科研单位实行有偿合同制,取消现行按人头划拨事业费的办法,改为按任务下达经费;科研单位对外实行有偿合同制,对内实行课题承包制,打破"大锅饭"。大连市政府转发科教委等部门《关于大连市开发研究单位由事业费开支改为有偿合同制的改革意见的报告》,将大连塑料研究所、合成纤维研究所等

---

① 这个基金由试点单位的上级科技管理部门建立,由科研事业费,科技三项费用,部门、地方资助的科技经费以及通过其他渠道获得的经费组成。

十三个市属科研单位和两个部属科研所列为第一批改革试点单位,要求1985年事业费至少减掉一半,从1986年元月起全部取消事业费。

242家院所转制

党的十一届三中全会后的一段时间内,对知识分子来说,是扬眉吐气的时刻。知识的力量作为一种信仰,渗透到社会各个角落。陈景润、蒋筑英等科学家代表成为民族精神的象征。"学好数理化,走遍天下都不怕",是流传在社会上的口号。千军万马开始拥挤在通往大学之门的独木桥上。

经费投入上,对知识分子而言,也是黄金时代。这时,科研经费短缺不是主要矛盾。当时的制度是中央财政拨款制度,研究机构的经费按照预算下拨。科研任务要么是上级下达,要么是自由选题。临时有任务,上级往往还要追加经费。当时的主要问题,是计划经济体制下的结构性问题。比如,五路科研大军(中科院、高校、部委研究机构、地方研究机构、军口研究机构)互不通气,各自为政,造成研究项目低水平重复;研究机构和生产机构脱节,造成科研成果得不到转化;科研队伍臃肿,效率低下,造成经费上的浪费等[29]。从科技宏观管理的角度,需要对资源配置进行调整,科研机构改革提上日程。这分为两条线,一部分科研机构要成为事业单位属性、非营利的科研机构,另一部分转制为企业。

企业化转制的改革大幕由部委研究机构拉开。以调整结构布局和优化科技资源配置为主要内容，以原 10 个国家局所属 242 个科研机构向企业化转制为突破口，中国科研院所体系进行了大幅度调整。国务院办公厅转发了科技部等部门《关于国家经贸委管理的 10 个国家局所属科研机构管理体制改革意见的通知》，对原国家经贸委管理的内贸局、煤炭局、机械局、冶金局、石化局、轻工局、纺织局、建材局、烟草局、有色金属局 10 个国家局所属 242 个科研机构进行管理体制改革。通知要求，242 个科研机构按照实现产业化的总体要求，从实际情况出发，自主选择改革方式，包括转变成科技型企业、整体或部分进入企业和转为技术服务与中介机构等。经国家批准继续保留事业单位性质的少数科研机构，也要引进科技型企业运行机制。

转制需要国有资产、税收、职工养老等多方面的政策配套。2000 年 5 月 24 日，国务院办公厅转发科技部、中央编办、财政部等 12 个部门《关于深化科研机构管理体制改革的实施意见》。转为企业或进入企业的科研机构，执行科技部等部门发布的《关于国家经贸委管理的 10 个国家局所属科研机构管理体制改革的实施意见》《关于国家经贸委管理的 10 个国家局所属科研机构转制中有关国有资本核定问题的通知》《关于国家经贸委管理的 10 个国家局所属科研机构转制后税收征收管理问题的通知》《关于国家经贸委管理的 10 个国家局所属科研机构转制后有关养老保险问题的通知》中所规定的政策。

这些科研院所原有的身份是事业单位[①]，转制对它们而言是一个脱胎换骨的过程。这一过程，既要考虑到原有政策的合理延续，也要面向企业身份和市场环境制定新的配套政策。转制后，这些机构可享受的政策包括：原有的正常事业费继续拨付，主要用于解决转制前已经离退休人员的社会保障问题。职工养老保险按以下办法执行：转制前已经离退休的人员，原离退休金计发办法不变，离退休金发放和日常管理工作由原单位负责。转制后的在职人员实行企业职工基本养老保险制度。按照文件要求，当年6月份，这242个科研院所要基本完成企业化转制。转制直接涉及全国27个省、自治区和直辖市的17万职工。其中，离退休职工5万多人，科技人员7.4万人，占中央直属科研机构职工总数的2/5[46]。

按当时的说法，这242个科研院所对于企业化转制有几个顾虑。一是对开拓市场信心不足。一些人认为，科研院所过去长期以科研为主，市场意识薄弱、市场人才缺乏、产业化手段不强。现在国家撒手不管，很难开拓市场。二是行业地位会被削弱。这些中央级的科研院所下放到地方后，影响这些院所在行业和全国的地位，地方上也可能随意向科研院所安排人员、调用资产等。三是行业研发力量会被削弱。一些科研机构过去承担着大量的行业任务，转制后科研院所都围着市场转，势必

[①] 根据2004年修订后的《事业单位登记管理暂行条例》，事业单位是指为了社会公益目的，由国家机关举办或者其他组织利用国有资产举办的，从事教育、科技、文化、卫生等活动的社会服务组织。

会影响到整个行业的发展。四是离退休人员的养老保险等社会保障问题。到2000年底，大约将有9万名离退休职工。这些顾虑中，第一和第二项在后来十多年的市场竞争中逐步分化和消化。但是，第三项一直是行业技术政策制定和科技管理中长期争论的问题，涉及共性技术开发、新型研发组织等很多议题。第四项则一直困扰着院所自身的发展，从经费分配、股权结构的方面都直接影响着这些机构的内部治理。

从后来的实际情况来看，经过十多年科技体制改革，一些科研机构的自我发展能力和活力得到了增强。科研机构的事业费削减后，大部分开发型科研机构90%以上的收入来自市场。许多科研机构在产业化方面进行了有益的探索，兴办了不少科技型企业，包括后来在市场竞争中非常突出的中国钢研（原冶金部钢铁研究总院）、中联重科（原建设部长沙建设机械研究院）、烽火通信（原邮电部武汉邮电科学研究院）等。

院所改革的持续

与应用开发科研机构企业化转制同期，社会公益类科研机构也进行着分类改革。这些机构主要从事农业、卫生、资源环境等科研工作。当时，全国共有2400多家公益类院所，其中国务院部门属有270家[47]。这些院所不同程度上存在封闭、"吃大锅饭"等问题。据当时的调查，大部分公益类院所中只有1/3左右的科研人员承担政府科研项目，一半以上的人员从未承担过政府任务。

2000年《关于深化科研机构管理体制改革的实施意见》中，

要求把一部分有面向市场能力的院所转制为企业，而对于那些确实需国家支持的院所，按非营利性机构管理，总体上保留不超过30%的工作人员，重新核定编制。此次改革涉及国务院部门属公益类科研机构265家，人员总编织近8万名。根据2004年批复后的改革方案，有101家院所按非营利性机构管理，转为科技型企业的56家，转为其他事业单位及属地化管理的95家，进入大学5家。

2000年12月，科技部、中央编办、财政部、国家税务总局制定的《关于非营利科研机构管理的若干意见》中，要求非营利性科研机构要根据国家法律、法规的规定和出资者的约定，制定章程，明确机构宗旨、业务领域、组织结构、决策监督程序、内部管理制度等。申请按非营利性机构运行和管理的科研机构，要调整和明确业务方向，优化结构、分流人员，由主管部门（单位）报科技部、财政部、中央编办、国家税务总局共同审核，认定为非营利性科研机构，并在国家机构编制管理部门进行事业单位法人登记。但是，这个文件所规制的非营利性机构，还是政府包办的机构，没有考虑社会化的非营利性机构，也难以充分反映在市场活动中这些机构权利和义务的边界在哪里。这也反映出，在当时，很多人虽然对非营利这个概念有所了解，但对其内部运行机制和所需的配套政策还没有足够的理解。尽管如此，在当时的制度条件下，能就非营利科研机构形成政策，已经是非常大的进步了。

此后，中国政府一方面继续推动科研院所分类改革。2006年发布的《中共中央国务院关于实施科技规划纲要增强自主创新能力的决定》对深化科研机构改革提出了明确要求,"进一步深化应用开发类科研机构企业化转制改革,鼓励和支持其在行业共性关键技术研究开发与推广应用中发挥骨干作用,继续推进社会公益类科研机构分类改革,稳定支持从事基础研究、前沿高技术研究和社会公益研究的科研机构,建立健全现代科研院所制度"。2012年发布的中央6号文件中,也对推进科研机构分类改革提出了要求[①],但总体上看,分类改革的思路未变,对公益类科研机构更加强调管办分离,逐步扩大自主权。

另一方面,也建立了对公益性科研机构的经费支持渠道。2006年颁布的《公益性行业科研专项经费管理试行办法》中提出,支持开展公益性行业科研工作,中央财政设立公益性行业科研专项经费。专项经费主要用于支持公益性科研任务较重的国务院所属行业主管部门,围绕科技规划纲要重点领域和优先主题,组织开展本行业应急性、培育性、基础性科研工作。根据专项经费项目类型特点,一般采取招标或者择优委托方式确定项目承担单位。项目承担单位一般为中国大陆境内具有独立法人资格的科研院所、高等院校和内资或内资控股企业等。

2007年,科技部、财政部、中央编办发布《关于加大对公

---

① 主要包括:公益类科研机构要坚持社会公益服务的方向,探索管办分离,建立适应农业、卫生、气象、海洋、环保、水利、国土资源和公共安全等领域特点的科技创新支撑机制。基础研究类科研机构要瞄准科学前沿问题和国家长远战略需求,完善有利于激发创新活力、提升原始创新能力的运行机制。技术开发类科研机构要坚持企业化转制方向,完善现代企业制度,建立市场导向的技术创新机制。

益类科研机构稳定支持的若干意见》。《意见》提出，进一步增强中央级公益类科研机构的科技创新能力和公益服务能力，结合推进公益类科研机构体制机制改革和创新绩效评价，逐步提高科研机构运行经费的保障水平，基本满足人员费、日常运行等基本开支的需求。根据科技规划纲要确定的主要研究领域，国家科技计划中的公益科研任务要优先委托符合条件的公益类科研机构承担；重大任务研究周期要适应任务需求，对高质量完成科研任务的机构应根据需要滚动支持。

《意见》要求公益类科研机构全面实行聘用制和岗位管理，在核定编制内实行按需设岗、按岗聘用和竞争上岗；制定人员遴选和岗位聘用办法，具备条件的岗位要面向海内外公开招聘，加大各类优秀人才引进力度。同时，公益类科研机构每年初形成年度报告，反映上年度本机构的职责履行、科研活动、重要成果、服务业绩、人才培养和经费收支等情况，报送主管部门并抄送有关部门；同时形成公开版本通过网站等向社会发布，接受公众监督。

在中央部门科研机构改革的带动下，地方开发类和公益类机构的改革也相应推进。技术开发类科研机构企业化转制基本完成，技术创新与产业化能力持续增强。通过改革精干了科研队伍，科研院所数量大幅度减少，从改革前的5000多家，减少到目前的3000多家。在改革中全国共有1300多家开发类院所转为或进入企业[48]，从体制上解决了大批应用开发类院所长期游离于企业之外的问题，基本建立起科技型企业的运行机制。

院所的困境与反思

这些年来，无论是转制院所，还是公益类院所，都积极探索适合自身的体制机制，在科技创新能力、科研活动和绩效方面取得了显著成效。在从旧制度向新制度转化的过渡磨合期，也面临着一些共性问题，有的到现在也有很大影响。这些问题可以分为两类，一类是身份困境，另一类是治理困境。

正如本章开篇所言，科研院所总是借用别的制度形式才能生存。只有明确了在法律等基本制度中的定位，才可能厘清业务边界，才可能有专业化的配套政策，才可能有适合的治理方式。在这方面，科研院所一直处于模糊地带。

历次科研院所改革，要么将院所转制为企业，要么登记为事业单位。其后果是，要么完全丧失行业服务职能，与其他企业竞争，当然这对其自身是合理的；要么，一有风吹草动，就想回归到"体制内"。在2000年《关于非营利科研机构管理的若干意见》中虽然提出了非营利科研机构的概念，但对于非营利研发机构的认识仍有很强的政府包办色彩，没有体现社会化的思路，也没有体现民办非营利机构的优势。

这一困境，不仅影响已有的院所，也影响着一些新成立的研发机构。近年来，中国各地区兴办了大批新型研发机构，如上海产业技术研究院、江苏产业技术研究院、深圳光启高等理工研究院等。这些机构作为聚集产业技术创新资源、加快科技成果转化的载体，在各地经济转型发展中发挥着重要作用。从建设运行的经验来看，这些机构凭借民办公助、多方投资、注册为民办非企业或企业化管理事业单位等"四不像"方式，往往在短期内能够获得较快发展。但从其长远持续健康发展来看，却面临着同样的制度性制约。"四不像"被当作一种正面的做法宣传，但"事业单位企业化运作"实际上是法人制度落后情况下的无奈之举。

中国《民法通则》制定于1986年，将法人划分为机关、企业、事业单位、社团。院所大规模改革之前，绝大多数为政府包办的事业单位，在这样的历史背景下，"事业单位法人"符合科研活动主要由政府计划管理的实际。这实际上是用法律语言重述了计划经济下的"单位"体制。

"单位"体制和法人制度是两种完全不同的权利调节机制，"单位"由政府统一管理，法人的权利义务关系靠法律调节。"单位"体制下形成的法人分类体系，随着社会主义市场经济体制的完善，也需要进行相应的调整[①]。在科技领域，这种调整体现在与科研组织多元化、市场化、社会化相适应的法人类型。在发达国家，这往往对应于财团法人的概念。在中国的法律体系中，往往在法律上需要注册为社团法人，在民政部注册为民办非企业类型[②]。

---

① 这部分内容得益于作者同李研副研究员的研讨。

② 在2015年的改革中，"民办非企业"这一称谓被调整为"社会服务机构"，例如2016年9月1日起施行的《中华人民共和国慈善法》就将民办非企业单位改为社会服务机构。民政部在《民办非企业单位登记管理暂行条例》的基础上也修订出台了《社会服务机构登记管理条例》。

这实际上反映了科研组织模式的多元化，与已有的法人分类体系之间已不协调。这些机构在运行中遇到的困难有，适合新型研发机构特点的法人类型缺失，部分新型研发机构即使注册为民办非企业，也缺乏制度体系的保障，难以享受各类创新优惠政策等。

例如，《关于科技类民办非企业单位适用科学研究和教学用品进口税收政策的通知》和《科技类民办非企业单位进口科学研究和教学用品免税资格审核认定管理办法》颁布后，对于科技类民办非企业才有了一些针对性的政策。但是，符合条件的民办非企业单位进口与本单位所承担的科研任务直接相关的科研用品，在规定范围内免征进口关税和进口环节增值税、消费税，在实际执行中又面临难以执行、手续烦琐等重重困难。注册为民办非企业或社会团体运行一段时间后，发现身份不好用，权利保障不充分，运营中遭遇招人难，税收优惠不落实等尴尬，又重新按事业单位注册。

即使在非营利机构发达的美国，在发展过程中也面临着类似的窘境。翻开美国组织法律发展史，可以看到，非营利组织在美国组织法中就像一个"后娘养的孩子"。在历史上，法律对待非营利组织，就像格林童话里的继母对待灰姑娘一样：她总是在接受，其姐姐们——商业组织剩下的现成的衣服[49]。

社会化、非营利性科研机构法人性质和业务特点的关系如不能理顺，难以在微观层次上建立技术创新市场导向机制，"政事不分""理事会职能落实不到位""激励机制不健全"等问题难以得到根本解决，"法人困境"还将继续。

随着法制建设不断健全和对社会组织管理的放松，可能对法人类型、民办非营利机构行政管理制度进行调整，突破这种困境面临重要窗口期。中共中央十八届四中全会明确要求"加强市场法律制度建设，编纂民法典""加强社会组织立法，规范和引导各类社会组织健康发展"。2013年起，中国取消了对科技类等四类社会组织登记时的业务主管单位要求。根据市场需要，企业、社会组织等可以共同出资的方式，建立非营利性、社会化的科研机构。2015年1月4日，财政部、民政部、国家工商总局联合发布《政府购买服务管理办法（暂行）》，要求加大社会组织承接政府购买服务的支持力度。这意味着，政府可以通过购买服务的方式，通过财政资金支持非营利、社会化科研机构的发展。

属性、定位的不适应、不确定，也衍生到院所内外部的治理上，带来一系列的问题，主要有以下几点：

多头管理问题。科研院所受到科技部门、业务主管部门、人力和社会保障部门、编制管理部门、所属企业等多方面的管理，这使科研院所的业务导向不明确，也加大了管理协调的工作量和难度。例如，2015年浙江37家院所中有5家为科技厅管理，浙江省农业科学院为省政府直属，其他31家都由多部门共同管理。

过度行政化问题。在1999年加强技术创新的决定中，就要求对科研机构内部的职务结构比例，政府人事主管部门不再实行指标控制，由科研机构根据自身需要，自主设置专业技术岗位和职务等级，确定岗位责任和任职条件。但是，由于科研机构与政府部门在经费、人事等方面难以割舍的千丝万缕的联系，近年来行政化的趋势有所增加，很多政策措施照搬政府机关，按管理政府机关的方式管理科研院所，按管理处长的方式管理研究人员，没有充分考虑科研机构的业务特点。再加上多头管理的体制，过度行政化造成了运行管理效率的下降，限制了科研院所应有的活力。有院所反映，其业务活动往往需要及时支付农民工费用，但需要交通、科技、财政的3个厅长、9个处长签字后才能执行。

自身定位不清问题。为了兼顾科研业务和经济效益，很多事业单位属性的院所采取了"一院两制"的方式，既有公益性研究部门，也通过设立下属企业等方式进行经济创收。在实际运行中，容易造成科研院所目标定位由发展公益事业向扩大自身利益转移，研究领域也容易发生偏移。在新一轮的改革中，这些院所只能保留一类职能，一旦剥离下属企业后，其经济来源也将受到影响。

缺乏稳定支持问题。院所反映，由于缺乏必要的稳定支持，科研活动完全取决于每年申请到课题的方向，难以进行稳定的学科建设，特别是战略性、长期性的重大项目研究。中国农业科学院介绍，在近年改革中，结合农业领域研发周期长的特点，在聚焦研发任务的同时加大了稳定科研经费支持的比重，目前这一比例已达到50%左右。

绩效工资改革问题。来自浙江的院所反映，浙江省近年进行科研机构的绩效工资改革，核算人均工资最低6万元，最高9.3万元，这远低于改革前一些院所的实际人均收入。后期检查中，有单位被发现超出核定的工资额，超出部分因此被退回，职工不发奖金。某院所在实施绩效工资后，已连续有20多人跳槽。

产权制度改革问题。有院所反映，产权制度改革存在不到位的情况，已经跟不上院所的发展。例如，一些院所在转企过程中采取了职工持股的方式，随着大量职工调离或退休，在职人员持股比例大幅度下降，而退休人员持股越来越高，影响了在岗和新进人员的积极性。

奖励机制不活问题。绩效工资改革的宗旨本来是"稳中、限高、托底"，但实际"底太高"，工作能力和绩效不好的职工反而愿意留下。而且，设定用于绩效奖励的比例很低，使用空间非常有限，实际无法发挥激励和引导作用。

留住人和吸引人问题。相对高校可以投入上百万引进人才的条件，科研院所在吸引人才方面有明显劣势。对拟转企的院所，由于人事薪酬等政策不明朗，不敢进人；对于公益性院所，由于薪酬低、约束条件多等原因，也吸引不到人。这不仅造成院所的学科领军人才严重短缺，也使他们面临着较严重的人才流失问题。为了留住科研骨干，一些院所采取了"编制内封顶，编制外不封顶"等机制。

科研申报渠道问题。陕西重型机械研究院股份有限公司等反映，在申报国家科研项目时面临"身份"的尴尬，虽然有实力和条件，但是申请不便。例如，无法在网上注册并申报国家自然科学基金，管理方认为他们是企业，而不是科研机构。

知识产权保护问题。一些院所反映，民营企业的机制非常灵活，能够快速形成模仿能力并造出类似产品，科研院所把设备交给一个客户就等于给自己树立一个直接竞争对手。由于缺乏有效的财务监督，对于成果转让、专利授权等收入，别说10%的比例，有时连1%都拿不到。

此外，对转制院所而言，由于配套政策没有跟上或没有充分落实等原因，在住房、养老金等方面也面临一些历史遗留问题。

在中国经济进入新常态和转型升级的紧迫需求下，科研院所面临着新的科研任务，也面临着科技、经济、事业单位等改革的新要求，未来发展面临着很大的不确定性。科研院所未来的发展方向和政策需求，可以从市场导向、稳定支持和行业组织三个角度来看。

"市场导向"视角。科研院所的管理体制源于计划经济条件下的苏联模式，随着改革的不断深入，各种矛盾不可避免。科研院所不可能都存活下来，也到了自生自灭的时候，根本上需要面向市场多考虑问题。从业务定位来看，面临着高校向创新链下游走、企业向创新链上游走等竞争环境，也不要期望政府能给院所一个明确的定位，谁能在市场中找到自己的定位和竞争优势，谁才能活下来。

"稳定支持"视角。在一次院所会议上，一些代表认为，世界上没有走不通的路，但就怕原地乱转，几年轰轰烈烈，十年踏步不前。无论是公益类院所还是转制院所，经营机制虽然可变，但从业务活动来看仍是科研单位，需要面向行业提供共性技术研发服务。因此，在按照市场机制运行管理的同时，考虑到科研单位的特点，也需要由政府提供部分的稳定支持。

"行业组织"视角。对于院所转制为企业，在原有体制下财政负担过重，推动应用开发类科研院所企业化转制，既有促进科技经济结合的原因，也有"甩包袱"的因素。但是，这种既转制又要提供公共服务的要求，在理论上一直存在悖论。一方面，面临着旺盛的产业技术研发需求，如各地近年兴办的、以工业技术研究院为代表的新型研发机构，政府如果通过直接投入或购买服务的方式进行支持，容易造成体制上的回归。另一方面，虽然企业也能提供公共产品，但这是偶然现象，院所转制后本质上就是企业，与本领域其他企业存在天然竞争关系，期望其稳定发挥公共职能是不合理的。实际上，只有以行业组织为基础、以非营利机构方式运行管理的研发组织形式，才能够兼具两者的优势。

创新创业服务机构

在20世纪90年代，通过培育新的科技型企业，带动技术的产业化，增加经济主体的多样性，成为一类新的政策方向。《中共中央、国务院关于加速科学技术进步的决定》提出，要建立、健全为中小型企业提供技术、信息服务的生产力促进中心等技术服务机构，《中华人民共和国中小企业促进法》要求政府有关部门应当在规划、用地、财政等方面提供政策支持，推进建立各类技术服务机构，建立生产力促进中心和科技企业孵化基地。2002年科技部发布的《关于大力发展科技中介机构的意见》中，将以生产力促进中心、科技企业孵化器、科技咨询与评估机构、技术交易机构、创业投资服务机构等作为科技服务体系的载体。这类政策的对象主要为生产力促进中心、创业服务中心、科技企业孵化器、大学科技园等。

生产力促进中心的主要功能是在中小企业与政府机构、科研机构、教育机构、金融机构等之间架起桥梁,通过整合社会科技资源,为中小企业提供技术信息、技术咨询、技术转让和人才培训等服务,提高中小企业的技术创新能力和市场竞争力。1996年,国家科委发布了《关于加强生产力促进中心建设的若干意见》。在这个文件中描述了当时的背景:"我国科技力量的配置不尽合理,大部分研究开发力量游离于企业之外,这导致了科技与经济的脱节,科技成果难以转化为现实生产力。我国科研院所、高等院校的科研成果的应用率为70%~80%,推广覆盖为10%~20%,真正转化为工业性产品的还不到5%。一方面,科研院所大量的科技成果沉淀了,不能用于生产;另一方面,技术应用与推广'市场疲软',中小企业发展难以找到适用技术的支持。"在此时,开展生产力促进中心的探索已有四年,生产力促进中心的数量从最初的十家试点发展到近百家。

2003年的《生产力促进中心管理办法》规定,组建生产力促进中心,应有固定的办公场所,必要的办公条件和信息网络设施;要有与所从事的生产力促进工作相适应的人员结构和资金实力;也要具备必要的联系、组织,协调科研机构、大专院校和专家为企业提供服务的条件和能力。在此基础上,如果要成为国家级示范生产力促进中心,还应具备独立法人资格和两年以上生产力促进运营经历；有符合市场经济规律的管理体制和运行机制；有完善的质量保证体系，并通过国家质量管理体系认证；科技人员的比例不得低于本单位从业人员总数的80%等条件。《国家级示范生产力促进中心绩效评价工作细则（试行）》是对这些示范中心的考核依据。2007年出台的《国家级示范生产力促进中心认定和管理办法》更加强调了生产力促进中心的专业化、规模化和规范化，以及生产力促进中心服务体系的社会化、网络化。

为了突出促进高新技术发展导向和政府服务功能，也出现了创业服务中心的提法。以高新技术创业服务中心为代表的综合性孵化器，是中国最早的孵化器组织形式。1996年的《国家高新技术创业服务中心认定暂行办法》规定，申报国家高新技术创业服务中心应当具备下列条件：地方政府重视和支持高新技术创业服务中心的工作，资金投入在500万元以上；高新技术创业服务中心的场地面积在800平方米以上，其中孵化企业使用的场地占2/3以上；高新技术创业服务中心服务设施齐备，服务功能强，可为企业提供商务、资金、信息、咨询、市场、培训、技术开发与交流、国际合作等多方面的服务。而进入国家高新技术创业服务中心的孵化企业，也需要具备一些基础条件，如新办或技工贸总收入在50万元以下，运行不到两年；从事高新技术产品的开发和生产等。

2000年《关于加快高新技术创业服务中心建设与发展的若干意见》将创业服务中心作为了新技术创业服务体系的主要内容。要求探索创业中心向非营利机构的转制，享受非营利机构的相关政策。在创业中心的内部管理上,有条件的地区可选择逐步建立理事会监管下的中心主任负责制,同时保证中心主任在日常管理中的自主经营权,有独立的财务和人事权力。理事会或上级主管部门做好创业中心的总体考核和监管。创业中心内部应建立市场化的运行机制,实行企业化的分配制度,通过激励制度和各项优惠条件,吸引高层次人才到创业中心工作。同时,对创业中心现有人员要进行轮岗和培训。

在创业中心发展的方向上,当时提出了重点发展专业技术孵化器[①]、大学孵化器、大中型企业办的企业孵化器以及留学人员创业园,在领域上更加突出软件、生物工程和集成电路设计等方面。

此后,高新技术创业服务中心的概念统一为科技企业孵化器。2006年《科技企业孵化器(高新技术创业服务中心)认定和管理办法》中规定,科技企业孵化器是以促进科技成果转化、培养高新技术企业和企业家为宗旨的科技创业服务机构。这些机构是国家创新体系的重要组成部分,是区域创新体系的重要核心内容。主要功能是以科技型中小企业为服务对象,为入孵企业提供研发、中试生产、经营的场地和办公方面的共享设施,提供政策、管理、法律、财务、融资、市场推广和培训等方面的服务,以降低企业的创业风险和创业成本,提高企业的成活

---

① 在综合性孵化器的基础上,也出现了专业性孵化器。这是为特定技术领域的创业者提供服务的孵化器,它除了具有综合性孵化器的基本服务功能外,还能够为创业者提供专业化的公共技术服务,是孵化器发展到一定阶段后出现的新型组织形式。

率和成功率,为社会培养成功的科技企业和企业家。国家高新技术创业服务中心自认定之日起,一定期限内免征营业税、所得税、房产税和城镇土地使用税。各地政府及其相关部门应在规划、用地、财政等方面提供政策支持。

在"十五"期间,各类孵化器建设被纳入科技计划,加大引导和扶持力度,促进孵化器进一步增加数量,提高质量,探索新的组织形式和服务形式。《关于"十五"期间大力推进科技企业孵化器建设的意见》2001年由科技部发布,重点支持建设国家高新技术创业服务中心、国家大学科技园、国家留学人员创业园、国家火炬计划软件园等示范性孵化器。根据不同类型孵化器的功能特点,《意见》提出完善孵化空间、技术支撑、人员培训等硬条件和技术中介、投资融资、咨询服务、物业管理、创业文化等软环境,不断提高服务能力和质量,努力满足各类创业者的服务要求,提高创业成功率。

依托大学建立的创新创业服务机构是大学科技园。国家级的大学科技园是以具有较强科研实力的大学为依托,将大学的综合智力资源优势与其他社会优势资源相结合,为高等学校科技成果转化、高新技术企业孵化、创新创业人才培养、产学研结合提供支撑的平台和服务的机构。科技部和教育部分别在2000年、2006年颁布了《国家大学科技园管理试行办法》《国家大学科技园认定和管理办法》,后者在2010年进行了修订。国家大学科技园自认定之日起,一定期限内免征营业税、所得税、房产税和城镇土地使用税。国务院科技和教育行政管理部门负责宏观管理和指导国家大学科技园的建设、运行和发展,组织制定支持国家大学科技园建设与发展的方针、政策，编制国家大学科技园发展规划，把国家大学科技园的工作纳入国家科技和教育发展计划。

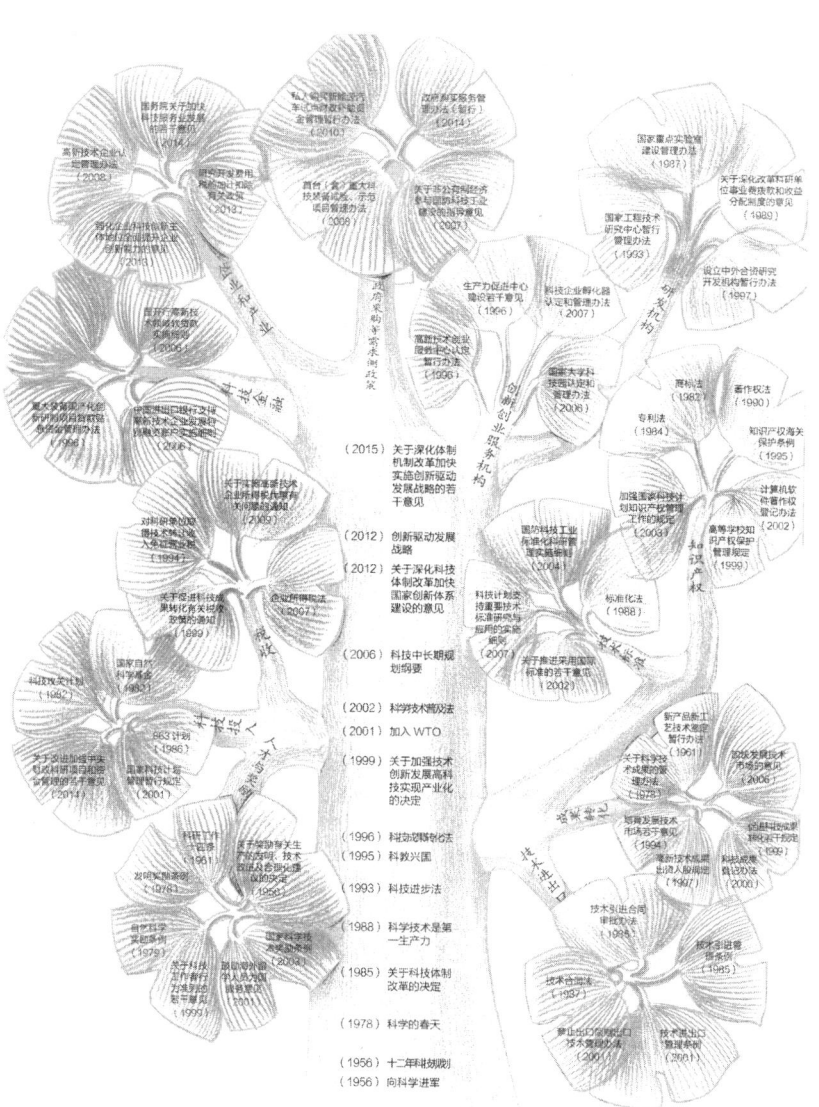

FROM ABSORPTION TO INNOVATION-DRIVEN
从"大胆吸收"到"创新驱动"

第十章
加入WTO：科技创新政策与国际接轨

从"大胆吸收"到"创新驱动"——中国科技政策的演化

1999年11月15日,因为美国、欧盟要价越来越高,在北京进行的中国加入世界贸易组织①(WTO)的谈判陷入了僵局。经过各种周旋,时任总理朱镕基破天荒地亲自参加一个部长级的谈判,最终促成中美谈判达成协议[50]。此后不到两周召开的中央经济工作会议提出,依靠体制创新和科技创新,以信息化带动工业化,大力推进经济结构的战略性调整。做好加入世界贸易组织的各项准备工作,提高对外开放水平,积极发展开放型经济。

在世纪之交,无论从内外环境来看,中国的经济都面临着全新的窗口期。一方面,传统经济和网络经济结合,新老经济相互融合。据当时测算,信息产业对世界经济增长的贡献率为18.2%,在美国经济的实际增长中所占比例则更高,为1/3。当时预计美国的网络经济产值将超过汽车业和金融业,成为最大的产业[51]。主要经济体中,越来越多的传统企业依靠高新技术进行脱胎换骨的改造,更有效地提高生产率。另一方面,经过二十多年的改革开放和快速发展,中国初步建立了社会主义市场经济体制,生产力水平大幅度提升。在前几年治理通货膨胀和抑制通货紧缩趋势的过程中,积累了丰富的宏观调控经验。如果顺利加入WTO,中国将拥有更大的全球性市场。

2001年,中国加入了WTO,无论是经济、贸易、产业和科技等领域,这个事件都成为新的政策分水岭。

---

① 1947年,23个缔约方在瑞士日内瓦签署了《关税及贸易总协定》,此后的几十年内,缔约方增加到80多个,直到1994年被世界贸易组织(WTO)取代。

第十章 加入WTO：科技创新政策与国际接轨

热议的四个领域

加入WTO前后，出于对WTO原则①潜在影响的担心，中国的科技界、产业界就加入WTO对科技创新活动可能的影响进行了各种预判，对政策的调整方向进行了热烈的讨论。当时关注的重点集中在四个领域。

第一，研发补贴。由于SCM协议对成员国研发补贴的范围和比例有明确规定，除部分成果转化、进口替代补贴等政策需要调整外，中国财政科技投入主要支持竞争前研发，符合WTO规则。

第二，投资和税收优惠。WTO规则要求在投资、生产原料和货物采购方面给予外商投资企业与其他企业同等待遇，这在当时对"以市场换技术"等策略形成了直接挑战。

第三，知识产权。对这方面政策的适应与否，对中国产业技术进步，特别是高技术产业的整体发展具有很大的影响。突破以专利为代表的知识产权封锁，在对"由跟踪模仿为主

---

① WTO的基本原则包括：最惠国待遇原则、国民待遇原则、互惠互利原则等。这些原则有的与创新政策具有直接联系，有的则间接影响创新政策的制定与实施。在WTO框架下，对科技创新政策有影响的协议有六项，即《与贸易相联系的知识产权协议》(Agreement On Trade-related Aspects of Intellectual Property Right, TRIPs)，《补贴与反补贴措施协议》(Agreement on Subsidies and Countervailing Measures, SCM)，《与贸易有关的投资措施协议》(Agreement on Trade-Related Investment Measures, TRIMs)，《技术性贸易壁垒协议》(Agreement on Technical Barriers to Trade, TBT)，《实施卫生与植物卫生措施协定》(Agreement on the Applications of Sanitary and Phytosanitary Measures, SPS) 以及《政府采购协议》(Government procurement Agreement, GPA)。

向自主创新为主"的认识转变及战略决策过程中,发挥了关键作用。

第四,技术标准及相关的贸易壁垒。以技术标准、技术法规为基础形成的贸易壁垒,由于具有合理性、复杂性、隐蔽性以及灵活性的特点,对中国机电、化学品、农产品等各大行业的出口均造成巨大影响。这也是与科技相关的WTO规则中,对中国出口贸易甚至经济发展最为直接的领域。因此,与加入WTO基本同步,中国在"十五"之初就提出了技术标准战略。

说到WTO原则的潜在影响,就要分析这些原则与科技政策的关系。以《国家中长期科学和技术发展规划纲要(2006—2020年)》为例,其配套政策中,大部分与WTO规则存在联系。针对这些政策,主要发达国家给予了密切关注,甚至在一些领域进行了不同层次、不同角度的多次交涉。这些领域主要集中在税收优惠、技术标准、产品认定、政府采购等方面。

2000年,中国发布了《鼓励软件产业和集成电路产业发展的若干政策》及其相关具体优惠、鼓励规则和办法,其中一项优惠政策是对进口集成电路征收法定17%的增值税,而对国内生产的同类产品则实行增值税大部分退税。美国认为这一做法不符合WTO有关国民待遇的规定,是不公平的增值税政策,构成了对外国半导体生产企业和设计企业的歧视性待遇。2004年3月,美国就这项集成电路增值税退税政策在WTO启动争端解决程序,最后该案经双方磋商,以中国承诺取消对国产集成电路产品的增值税退税政策而告终[52]。

第十章 加入WTO：科技创新政策与国际接轨

2007年2月，美国和墨西哥就中国政府实施的一系列税收优惠措施，向WTO争端解决机构提出申诉，认为中国政府实施的进口替代型税收优惠措施违反了国民待遇原则并构成禁止性补贴。美国和墨西哥对华申诉的目标包括退税、减税和免税措施，两国认为这些措施对许多行业的进口产品形成歧视。最终，中、美、墨三国达成和解，中国承诺在2008年1月1日前采取措施，永久性取消所指控的WTO下的禁止性补贴。

技术标准是另一个可能引发冲突的领域。2006年6月，美国全美亚洲研究所发表了特别报告《标准就是力量？中国国家标准化战略制定中的技术、机构和政治》，反映了美国产业界、商业界的一些声音。报告认为中国技术标准战略源于为摆脱"技术陷阱"而提出的自主创新政策，中国的技术政策及标准战略在许多方面具有所谓的"技术民族主义"的特征，并认为"狭隘的技术民族主义很可能会损害中国自己的利益"。

报告将技术标准问题当作一个国家（民族）利益的问题来讨论，而不是站在世界产业技术发展秩序的角度来看待技术标准问题，没有考察技术标准体系的技术进步和不断变化。也就是说，将中国制定和推动技术标准的应用与国际化，简单理解为国家间产业利益的冲突。因此，"技术民族主义"仅仅是从利益的分配角度而言的，是对中国实施标准战略的误解或歪曲。实际上，中国的市场是世界上最为开放的市场之一，几乎各行各业都可以发现来自不同发达国家的产品或跨国公司投资的企业。2010年，美国商会发布的《中国自主创新的浪潮》报告中，也对中国技术标准、认证等相关领域提出了类似的非议。

在产品认定方面，中国和一些国家对政策的理解发生了激烈的碰撞。2006年，《国家自主创新产品认定管理办法（试行）》提出对国家自主创新产品进行认定，科技部、国家发改委、财政部负责国家自主创新产品认定工作的管理和监督、制定相关制度与标准、编制《国家自主创新产品申报说明》、组织开展产品认定工作并公布《国家自主创新产品目录》。经认定的国家自主创新产品将在政府采购、国家重大工程采购等财政性资金采购中优先购买，并在高新技术企业认定、促进科技成果转化和相关产业化政策中给予重点支持。

美国商会、美国制造业协会、美国政府认为这些政策有贸易保护主义之嫌。对此，中国政府多次表示，中国的自主创新是在开放条件下的自主创新，鼓励国际合作，对内外资企业一视同仁、平等对待。2010年4—5月，有关部门对2010年认定文件草案公开征求意见，并邀请美、欧、日、韩等国家和地区跨国公司的代表沟通意见。从征求意见的情况看，内外资企业对调整后的认定文件都比较满意，认为体现了"非歧视、市场导向和保护知识产权"的原则。后来，2011年7月，科技部、发展改革委、财政部发布通知，自2011年7月10日起停止执行《国家自主创新产品认定管理办法（试行）》[①]。

---

① 基于关于停止执行《国家自主创新产品认定管理办法（试行）》的通知（国科发计〔2011〕260号）。

第十章 加入WTO：科技创新政策与国际接轨

税收政策的"组合拳"

税收政策具有普惠性，而且可以将科技活动的结果作为操作中的判断依据，因此相对研发投入政策能够更好地解决公平的问题。随着中国企业科技创新的活跃，支持科技创新的税收政策开始出现并迅速成为科技创新政策中最有分量的政策之一。1999年11月2日，《关于贯彻落实〈中共中央国务院关于加强技术创新、发展高科技、实现产业化的决定〉有关税收问题的通知》颁布。以此为契机，中国在税收政策方面形成了"组合拳"。

第一是关于增值税[①]，一般纳税人销售其自行开发生产的计算机软件产品[②]，可按法定17%的税率征收后，对实际税负超过6%的部分实行即征即退。属生产企业的小规模纳税人，生产销售计算机软件按6%的征收率计算缴纳增值税；属商业企业的小规模纳税人，销售计算机软件按4%的征收率计算缴纳增值税，并可由税务机关分别按不同的征收率代开增值税发票。对随同计算机网络、计算机硬件、机器设备等一并销售的软件产品，应当分别核算销售额。如果未分别核算或核算不清，按照

---

① 以商品（含应税劳务）在流转过程中产生的增值额作为计税依据而征收的一种流转税。增值税是当前中国最大的税种，税收占中国全部税收的60%以上，增值税由国家税务局负责征收，税收收入中75%为中央财政收入，25%为地方收入。进口环节的增值税由海关负责征收，税收收入全部为中央财政收入。

② 计算机软件产品是指记载有计算机程序及其有关文档的存储介质（包括软盘、硬盘、光盘等）。

计算机网络或计算机硬件以及机器设备等的适用税率征收增值税，不予退税。对经过国家版权局注册登记，在销售时一并转让著作权、所有权的计算机软件征收营业税，不征收增值税。

第二是关于营业税[①]，对单位和个人（包括外商投资企业、外商投资设立的研究开发中心、外国企业和外籍个人）从事技术转让、技术开发业务和与之相关的技术咨询、技术服务业务取得的收入，免征营业税。

第三是关于所得税[②]，对社会力量，包括企业单位（不含外商投资企业和外国企业）、事业单位、社会团体、个人和个体工商户（下同），资助非关联的科研机构和高等学校研究开发新产品、新技术、新工艺所发生的研究开发经费，经主管税务机关审核确定，其资助支出可以全额在当年度应纳税所得额中扣除。当年度应纳税所得额不足抵扣的，不得结转抵扣。软件开发企业实际发放的工资总额，在计算应纳税所得额时准予扣除。

关于外商投资企业和外国企业所得税，外商投资企业和外国企业资助非关联科研机构和高等学校研究开发经费，参照《中华人民共和国外商投资企业和外国企业所得税法》中有关捐赠的税务处理办法，可以在资助企业计算企业应纳税所得税额时全额扣除。

---

① 对在中国境内提供应税劳务、转让无形资产或销售不动产的单位和个人，就其所取得的营业额征收的一种税。2011年11月，中国开始营业税改征增值税试点。

② 是指国家对法人、自然人和其他经济组织在一定时期内的各种所得征收的一类税收。中国现行税制中的所得税类税收包括企业所得税、外商投资企业和外国企业所得税、个人所得税3个税种。

第四是关于进出口税收，对企业（包括外商投资企业、外国企业）为生产《国家高新技术产品目录》的产品而进口所需的自用设备及按照合同随设备进口的技术及配套件、备件，除按照《国内投资项目不予免税的进口商品目录》所列商品外，免征关税和进口环节增值税。对企业（包括外商投资企业、外国企业）引进属于《国家高新技术产品目录》所列的先进技术，按合同规定向境外支付的软件费，免征关税和进口环节增值税。对列入《中国高新技术商品出口目录》的产品，凡出口退税率未达到征税率的，经国家税务总局核准，产品出口后，可按征税率及现行出口退税管理规定办理退税。这将意味着，相应的产品将以不含税价格进入国际市场。

在税收政策中，也考虑到了科研机构转制的问题。中央直属科研机构以及省、地（市）所属的科研机构转制后，凡符合企业所得税纳税人条件的，自1999年10月1日起至2003年底止，免征企业所得税。这些科研机构不包括1999年10月1日以前已经转制、已实行企业化管理和已并入企业的科研机构，也不包括所有从事社会科学研究的科研机构。

经费多了　也要竞争了

在中国，由财政支持的科研活动，长期采取计划经济体制下的科研事业单位拨款制和计划任务制。这种科研组织方式，已经远远落后于经济组织方式，因而科技发展不可能跟上经济发展的节奏，科研成果也满足不了现实中的技术需求。而且，

从"大胆吸收"到"创新驱动"——中国科技政策的演化

改革开放以来,中国的科研经费大幅度增长,1980年国家财政拨款(包括中央和地方)只有64亿元,到2000年达到576亿元,20年间增长了9倍。在这个基础上,到2013年国家财政科技拨款达到6185亿元,13年间又增长了接近11倍[①]。这些经费中,相当一部分是通过竞争方式支出的,如2013年,包括"863计划""973计划"、国家自然科学基金、火炬计划、科技基础条件建设等十几项计划在内的国家主要科技计划经费大约461亿元。

在《中共中央、国务院关于加强技术创新,发展高科技,实现产业化的决定》中,提出了"国家科研计划实行课题制,大力推行项目招投标和中介评估制度"的要求,科技部、财政部、国家计委、国家经贸委2001年12月20日联合发布《关于国家科研计划实施课题制管理的规定》,以建立和完善科研管理制度,提高科技资金的使用效益。课题制是指按照公平竞争、择优支持的原则,确立科学研究课题,并以课题(或项目)为中心、以课题组为基本活动单位进行课题组织、管理和研究活动的一种科研管理制度。现在,课题制已经成为普遍实行的一种科研组织和管理模式,这项政策的实施对科研体制和机制方面产生了深刻的影响。

课题制借鉴了国外的国家科学基金制度,其核心是引入竞争机制,打破了单一划拨渠道获得科研经费的方式,激发了研究人员的研究积极性,挖掘了研究人员的研究潜力。课题制适用于以国家财政拨款资助为主的各类科研计划的课题以及相关

---

① 根据《中国科技统计年鉴2014》计算。

的管理活动。课题责任人在批准的计划任务和预算范围内享有充分的自主权。一个课题只能确立一个课题责任人,课题责任人为自然人或法人。法人课题责任人必须指定所承担课题的课题组长,并在合同或任务书中明确课题组长的责任和权利,且不得随意变更。课题制需要建立与科研活动规律相适应的预算管理机制。按照国家财政预算管理改革的总体要求,对课题实行全额预算管理,细化预算编制,并实行课题预算评估评审制度。此后,课题制在国家科技计划中全面推行,各地方、行业的科技计划也纷纷效仿,成为竞争性科研经费投入的基本方式。

课题制的实施,是中国在中观和微观的科研组织方面一项重大的进步。与此同时,这种制度的实施,也存在着一定的不确定性和局限性。比如,课题制的设计初衷是为了在现有的科研体系中建立一个竞争的科研环境,能够充分整合现有的科技资源。单一的课题制管理方法使得科研经费的获得缺乏稳定性和连续性,致使需要较长时间的研究项目和课题难以获得有效的支持。

另外,课题制使得那些原来声誉和地位较高的科学家在科研资源分配中处于更为有利的位置,从而放大了"马太效应"对科研工作者的影响。过于集中的科研经费会由于边际效率递减的作用降低经费的使用效率,这和设计课题制时所预期的提高科研经费使用效率的初衷也是背道而驰的[53]。正因如此,2002年4月30日,出台了对科研人员承担国家科技计划课题"限项"的123号文,即《国家科技计划项目承担人员管理暂行办法》。

这个文件中的"国家科技计划项目"是指由科技部归口管

理的面向研究开发的国家三大主体科技计划的项目和课题,即"863计划"、科技攻关计划和基础研究计划的项目。国家科技计划项目负责人,原则上应为该项目主体研究思路的提出者和实际主持研究的科技人员。中央和地方各级政府的公务人员(包括行使科技计划管理职能的其他人员)不得作为项目的负责人(战略性软科学项目除外),退休人员不得作为项目负责人。项目负责人同期主持的国家科技计划项目数原则上不得超过一项[1]。作为项目的主要负责人,应保证足够的时间投入科研工作,其在主持的项目上投入的工作时间和精力应达到自身实际工作量的50%以上。作为主要参加人员同期参与承担的国家科技计划项目数(含负责主持的项目数),不得超过两项。

科技基础资源的开放与共享

在通过课题制促进竞争的同时,通过科技基础条件平台促进资源的开放共享也必不可少。以2003年成立科技基础条件平台专项为起点,以2004年发布《2004—2010年国家科技基础条件平台建设纲要》为标志,科技基础条件建设得到了关注。"十一五"科技计划体系改革中,科技基础条件平台建设成为四

---

[1] 若因特殊原因,如项目有重大创新且国内又无其他合适承担者,或国家急需的某些特殊领域和特殊人才等,经计划管理部门批准同意,可以申请主持两项国家科技计划项目。而且,上述三个计划项目负责人如果同期申请科技基础性工作、社会公益性研究专项、科研院所技术开发专项、国际科技合作与交流专项等国家其他研究开发计划项目,不得超过一项,且只能作为主要参加人员。

大主体计划之一。这里的平台具体包括研究实验基地和大型科学仪器设备、自然科技资源、科学数据、科技文献、科技成果转化、网络科技环境六个方面。同期，建立了国家科技平台信息门户——"中国科技资源共享网"[①]。平台建设过程中,科技部门和平台建设单位共制定了650余项规章制度，推进了科技平台建设和资源共享。在国家科技基础条件平台建设纲要指导下，各有关部门、各地政府也都积极加入到科技基础条件和创新基础能力建设中，推动科技资源的开放与共享。

为深化科技资源共享，推进科技平台运行服务，规范科技平台运行管理，科技部、财政部于2011年发布了《关于开展国家科技基础条件平台认定和绩效考核工作的通知》。《通知》公布了国家科技平台认定和绩效考核指标，为完善国家科技平台体系，引导科技平台健康发展提供了依据。《通知》的发布，标志着平台工作逐步从注重建设向推进运行服务转变。

根据《通知》要求，2011年，科技部、财政部试点开展了首批国家科技基础条件平台的认定和绩效考核评审工作。"国家生态系统观测研究网络"等23家科技平台通过认定，纳入国家科技平台体系。对于通过认定的平台，科技部、财政部定期组织进行绩效考核，并根据国家科技平台为社会服务的数量和质量，结合各平台运行服务成本，对平台运行服务进行奖励补助，2011年，中央财政共下拨奖励补助经费共计2.46亿元。

---

① 集成各类科技资源信息512万条，形成28类资源信息数据库，数据量超过1000TB，共享网访问量超过940万人次，覆盖69个国家、国内559个城市。

从"大胆吸收"到"创新驱动"——中国科技政策的演化

科技的"是与非"成为政策话题

一般的话语体系中,增长、发展和进步常常被作为同义词,但在研究工作中有必要加以区分,例如,经济增长是一个既定社会所有商品和服务的总产出的持续增加;经济发展指伴随着经济结构或组织巨大变化的经济增长,如由自给型经济转型为市场经济和贸易经济,或制造业和服务业相对于农业的增长。经济增长和经济发展普遍被认为是"好事",但本质上是与价值无关的术语,即对它们的衡量和描述可以不掺杂道德规范。但经济进步这一术语显然是另一回事。在现代世俗的道德标准下,增长和发展往往被等同于进步[2]7。科学技术也类似,在增加人类福利的同时,也具有残酷的一面。在第一次世界大战陷入无止境的壕沟战时,双方都寄希望于科学家能够打破僵局,拯救自己的国家。这些穿着实验衣的人响应了这项号召,从实验室里大量推出了各种令人咋舌的武器,战机、坦克、毒气……

在历史上,不乏限制创新的政策,比较典型的例子就是政府反对省时省力的创新,害怕由此引发失业,还有垄断的行业协会和公司反对竞争。1551年,英国议会通过一项法令,禁止使用叉织机——用于织布最后一道工序的机器。然而,新一代的叉织机不断被研发并投入使用,市场战胜了法令。1638年,英国禁止使用荷兰人发明的加梭织机[2]134。1811年,起源于英国诺丁汉等地的"卢德派"运动也是工人就业与先进技术设备之间的矛盾。

近年,关于一些领域科技政策的争论也开始进入公众视野。

第十章 加入WTO：科技创新政策与国际接轨

这种争议，既出自失业风险所引发的担心，也出自对人身、环境安全的考虑，还涉及伦理问题。

典型的例子是转基因技术。美国自1996年大规模销售转基因食品以来，一直按照美国食品药品监督管理局（FDA）的规定，不对转基因食品和作物进行强制标识。FDA认为，检验食品安全性的关键要素在于产品本身而非生产方法，没有科学证据显示转基因产品在营养、安全、存储等各个方面与常规食品不同，按照美国当前的食品法规定，对产品的生产方式进行标识是没有必要的。对转基因产品进行强制标示会导致消费者担忧其安全性而不敢消费，也就是说，对转基因强制标示会导致对其的歧视。

美国各地多次要求标示转基因的运动，背后都有有机农业生产商的支持。在美国市场上，有机农产品经常比包含转基因产品在内的普通农产品贵两三倍。如果有机农业生产商能推动在一些地方对转基因产品进行强制标示，如美国第一大州加利福尼亚州，必然会影响到全国的市场，而部分消费者出于对转基因产品的顾虑，则会转而选择昂贵的有机食品。对转基因产品生产者而言，这种标示有可能带来巨大经济损失[54]。

2012年11月6日，就在全世界的眼球都在盯着奥巴马和罗姆尼的总统大战时，美国第一大州加利福尼亚州也同时举行了是否强制转基因食品标示的全州公投，即"37号提案公投"。在投票前夕，代表美国科学共同体的美国科学促进会（AAAS）发表了关于转基因食品标签的声明。声明指出，现在市场上销售的转基因食品都经过了严格的安全性实验才获得批准，至今没有任何可靠的科学证据表明这些已经获得批准的转基因食品比其他食品具有更大的风险；如果强制标识，将可能导致消费者误认为转基因食品有害。

公投的结果出乎很多人的意料：尽管主张转基因标示者群情激昂，但加州人还是以53%对47%的投票否决了这一与美国自愿标示转基因的联邦政策唱反调的提议。加州大多数人选择投票反对标示转基因，是因为像在美国其他地方一样，普通百姓相信政府和科学界对转基因安全性的权威结论。因为转基因是安全的，何必一定要标示，何况标示还要多花钱。

对于科技发展造成的潜在风险，中国也制定了相关政策，主要在实验动物、人类遗传资源、转基因等方面。1988年10月31日国务院批准了《实验动物管理条例》，条例所称实验动物是指经人工饲育，对其携带的微生物实行控制，遗传背景明确或者来源清楚的，用于科学研究、教学、生产、检定以及其他科学实验的动物。通过这个条例，实验动物分为四级，国家实行实验动物的质量监督和质量合格认证制度。

为了有效保护和合理利用人类遗传资源[①]，1998年6月，国务院办公厅转发科技部的《人类遗传资源管理暂行办法》，对重要遗传家系和特定地区遗传资源实行申报登记制度，发现和持有重要遗传家系和特定地区遗传资源的单位或个人，应及时向有关部门报告。未经许可，任何单位和个人不得擅自采集、收

---

① 这里所称人类遗传资源是指含有人体基因组、基因及其产物的器官、组织、细胞、血液、制备物、重组脱氧核糖核酸（DNA）构建体等遗传材料及相关的信息资料。

集、买卖、出口、出境或以其他形式对外提供。在知识产权方面，中国境内的人类遗传资源信息，包括重要遗传家系和特定地区遗传资源及其数据、资料、样本等，中国研究开发机构享有专属持有权，未经许可，不得向其他单位转让。2012年10月31日，中国政府网公布了《人类遗传资源管理条例（征求意见稿）》并公开征求意见，这个文件中规定任何组织和个人不得从事可能产生歧视后果的人类遗传资源研究开发活动，不得买卖或者变相买卖人类遗传资源材料。

2011年，《农业转基因生物安全管理条例》发布，对利用基因工程技术改变基因组构成，用于农业生产或者农产品加工的动植物、微生物及其产品，开始实行分级管理评价、安全评价、标识等制度。2012年，湖南发生了违规让儿童食用转基因的"黄金大米"事件，虽然政府公布的调查结果将此事板上钉钉地定性为健康研究伦理和管理规范缺失的事件，与转基因食品的安全性无关，但不少声音似乎都在有意无意地将转基因妖魔化。

另一个存在争议的是信息技术领域。例如大数据技术，有助于实现数据的自由、开放和共享，人们由此进入了数据共享的时代。但是，人们也时刻被暴露在数据监视之下，面对个人隐私保护的隐忧，也对数据滥用或垄断产生担心，甚至面临自由被侵犯的风险。这种大数据时代人类的自由与责任问题，对传统伦理观带来了新挑战。

大数据技术对科研范式也会有很大影响，大数据技术一定程度上可以使数据收集者从基础性数据收集中解放出来，多一些思辨和诠释的分析，对社会和人文研究差不多都有类似影响。

只有那些面对面的访谈和入户调查所提供的隐性信息量,目前大数据技术可能还难以提供。

人类从来没有像今天这样把自己的一切都交付给某些人的某项高级创造,科学为我们设定了行为的标准与判断的依据,整个社会的思维模式已经不可逆转地被科学所型塑[55]。整体上看,随着"换头手术"、基因改造、"三聚氰胺奶粉"等现象的出现,与科技伦理有关的议题必须要面对,需要更多纳入政策设计者的视野。

FROM ABSORPTION TO INNOVATION-DRIVEN
从"大胆吸收"到"创新驱动"

第十一章
中长期规划纲要：政策体系的初步形成

从"大胆吸收"到"创新驱动"——中国科技政策的演化

经过将近30年的改革开放,中国已经成为世界经济大国,工业化发展取得了巨大进步,制造业在全球形成了史无前例的影响。这种变化也带来了新的压力。这些年的发展主要是靠扩大建设规模,大量增加生产要素取得的,是在高投入、高消耗、高污染的条件下实现的。2004年,中国GDP占世界GDP的4%,却消耗了世界12%的能源,25%的氧化铝,28%的钢材,50%的水泥[56]。这种粗放型的经济增长模式在一定时期内是中国发展的必然选择,是客观、合理的。但当经济增长到一定规模后,这种发展方式就无法持续,并带来了一系列的矛盾和问题。

这造成的后果是,中国经济在全球价值链的低端挣扎徘徊。中国企业虽然获得了巨大进展,实力大为增强,但由于缺乏核心技术和自主品牌,在经济全球化进程中处于越来越不利的地位,面临十分严峻的挑战。单纯引进技术没有达到以市场换技术的目的。过去所能引进的技术往往是中低技术而非核心技术,核心技术的确是引不进来的,如汽车产业、彩电行业、电脑行业等,20多年来引进了许多技术,但几乎没有一项是核心技术。事实证明,丢了市场却没有换到核心技术,这就有使中国陷入"引进—落后—再引进—再落后"的恶性循环的风险。由于缺乏自主创新能力、核心技术和自主品牌,跨国公司对中国采取价格歧视、过高定价、掠夺性定价、搭售行为和拒绝许可等多种方式,获取了高额利润,掌握了市场的主导权和收益控制权,使中国的"世界制造中心"名不副实,有成为"世界加工车间"的现实危险。

同时,中国对国际市场的依赖也前所未有,以国际贸易为例，1978年中国的外贸依存度为9.8%，到2006年已经达到了将近70%[1]304，这种变化大幅度提高了中国与其他国家产生贸易摩擦的可能性，并且带来了人民币升值的压力。2007年，国家外汇储备15282亿元，成为世界第一。加入WTO以后，针对中国的技术壁垒不仅没有丝毫松动，发达国家的消费者在享受价廉物美的"中国制造"的同时，被当作中国比较优势的廉价劳动力资源，却被反倾销等贸易摩擦搞得很尴尬。而要摆脱这种被动不利的局面，要向价值链的中高端前进，就必须要靠自主创新。

自主创新

在社会主义市场经济体制的框架初步建立后，2003年10月召开的中共十六届三中全会通过了《中共中央关于完善社会主义市场经济体制若干问题的决定》，开始进一步深化财税、金融、投资等体制改革。在金融领域，主要是完善资本市场和金融市场；在财政税收领域，逐步增大增值税的征收范围，减轻中小企业的税收压力，鼓励中小企业发展，并通过税收优惠鼓励企业的科研投入和科技创新。

2004年，在中央召开的经济工作会议上，明确提出"自主创新是推进经济结构调整的中心环节"的论断；在中共中央政治局第18次集体学习中，胡锦涛提出"要把推动科技创新摆在全部科技工作的突出位置"；胡锦涛还在视察中国科学院时强调"要把提高科技自主创新能力作为推动经济结构和提高国家竞争力的中心环节"。

2005年10月,十六届五中全会明确提出了建设创新型国家的战略思想。2006年1月,胡锦涛又在全国科学技术大会上指出,要坚持走中国特色自主创新道路,用15年左右的时间把中国建设成为创新型国家。科技创新要作为国家基本战略,大幅度提高科技创新能力,从而形成强大的国家竞争优势。

《中共中央国务院关于实施科技规划纲要增强自主创新能力的决定》于2006年1月26日发布,随后《国家中长期科学和技术发展规划纲要(2006—2020年)》(以下简称《规划纲要》)发布实施,确立了以自主创新为核心的国家发展战略。增强自主创新能力成为调整产业结构、推动经济增长方式转变的中心环节。为确保《规划纲要》顺利实施,必须从财税、金融、政府采购、知识产权保护、人才队伍建设等方面制定一系列政策措施,加强经济政策和科技政策的相互协调,形成激励自主创新的政策体系。可以说,从这个阶段开始,中国的科技政策体系已经基本形成了。

围绕着《规划纲要》的贯彻实施,国家层面出台了75条配套政策及实施细则,主要涉及科技投入、税收激励、金融支持、政府采购、知识产权保护、加强统筹协调、科技创新基地与平台、引进消化吸收再创新、人才、教育与科普11大方面。可以说,历经历次经济体制改革和科技体制改革,特别是改革开放30多年来,中国科技创新政策不断积累和完善,已基本形成了覆盖财政、税收、政府采购、金融、知识产权等各领域和中央、地方多层次的政策体系。在国家层面,《科学技术进步法》修订实施,《规划纲要》及其配套政策不断落实,国家中长期人才规划、教育规划相继出台,知识产权战略实施力度明显增强。为促进科技成果产业化,2008年国务院办公厅发布了《关于促进自主创新成果产业化的若干政策》。在区域层面,各地方也逐步实现由单一的政策保障向政策的综合系统转变,中关村、张江等国家自主创新示范区充分发挥了政策先行先试的作用。

科技金融

在《规划纲要》的配套政策中,科技金融政策是亮点之一。这说明中国科技金融经历三十多年发展历程,从初始萌芽、快速发展开始进入深化扩大的阶段。1985年至1994年是初始萌芽阶段。1985年《中共中央关于科学技术体制改革的决定》提出设立创投机构、开办科技贷款。同年9月,国家科委、财政部共同出资成立中国第一家创投机构——中国新技术创业投资公司。1992年中国科技金融促进会成立,开展科技金融理论、实践研究。1993年,深圳市科技局首次提出了"科技金融携手合作扶持高新技术发展"的理念。

1995年到2005年可谓快速发展阶段。1998年3月两会期间,民建中央向全国政协提交了"关于加快发展我国风险投资事业案"的一号提案。自此,受外资创投在中国大陆投资的成功案例启示,国家和地方各级政府开始高度重视创业投资、金融资本促进科技进步、科技成果转化的重要作用,地方创业投资基金设立空前活跃,银行服务科技型企业的金融工具创新日益丰富，各类资本项目对接活动成为常态。

2006年后可以说是深化扩大阶段。2006年，《国家中长期科学和技术发展规划纲要（2006—2020年）》提出"完善科技和金融结合机制"，科技金融的重要性得到广泛认可，科技金融日渐成为推动现代科技创新体系建设的重要工具，科技金融政策环境逐步优化，多层次资本市场体系不断完善，各类科技金融主体快速发展。

国家科技计划体系

国家科技计划是根据国家科技发展规划和战略安排的，以中央财政支持或以宏观政策调控、引导，由政府行政部门组织和实施的科学研究与试验发展活动及相关的其他科学技术活动。中国的第一个国家科技计划产生于1982年，是科技攻关计划。30多年来，国家科技计划从计划体系设置、计划衔接、经费管理、项目管理等方面进行了多层次、全方位的机制创新，促进了科技资源跨领域、跨部门、跨区域的衔接和优化配置。

中国科技计划体系建立大体经历了四个发展阶段，逐步发展成为"3+2""1+1"等类型的国家科技计划体系。第一阶段是研究开发体系的形成。1982年，科技规划的主要内容被凝练为38个攻关项目，以"六五"国家科技攻关计划的形式实施，成为中国第一个国家科技计划。1982年到1986年，先后设立了国家科技攻关计划、国家自然科学基金和"863计划"，初步形成了从基础研究、应用研究到实验发展的科研计划体系。

第二阶段是产业化与推广应用体系的形成。1986年到1993年，先后启动了星火计划、火炬计划、国家重点新产品计划、国家工程技术研究中心、生产力促进中心和国家科技成果重点推广计划，加大了对成果转化的扶持力度，加上攀登计划，形成了面向经济建设的从基础研究到产业化和推广应用的完整的科技计划体系。

火炬计划使各类高新技术产业化载体的服务能力快速提升，高新区、产业基地内的产业集群迅速发展。仅在"十一五"期间，国家级火炬计划项目总立项数7409项，其中产业化项目6755项，占比91.2%；环境建设项目654项，占比8.8%；重点支持项目1016项，占比13.7%。通过火炬计划的实施，基本形成了服务科技型企业、中小企业群体，服务高新技术产业园区和基地、产业化组织和科技中介机构的项目支撑体系，形成了国家计划引导、地方组织实施、市场配置资源的上下联动、支持高新技术产业化及其环境建设的局面，发挥了项目、基地、人才紧密结合、共同发展的优势。

国家重点新产品计划的实施，带动引导了全社会科技创新资源向生产力转化。国家重点新产品计划与各地方新产品计划共同形成了完整的体系，在不同层面支持了地方支柱产业、优势产业的主导产品、特色产品的开发研制，对推进区域经济发展产生了影响深远的示范辐射作用。企业通过实施新产品计划，提高了自主创新意识，增强了技术创新能力和综合竞争力，有效地调动了新产品开发的积极性，科技投入强度不断加强。据统计，"十一五"期间新产品计划44.62%源于企业自主技术开发,国家新产品引导资金投入4.29亿元,带动地方资金投入超过10亿元,带动企业研发投入超过272亿元,实现国家、地方、企业的1∶2∶64放大投入比例。

第三阶段开始向社会发展领域和公益性技术发展。1994年到2000年,启动了大型科学仪器资源共享专项、科研院所科技基础性工作专项。通过中小型企业创新基金计划加大政府扶持力度,促进科技型中小企业技术创新。这个阶段形成了面向经济与社会需求的全方位的国家科技计划体系。

科技型中小企业技术创新基金1999年经国务院批准设立以来,共立项资助了近2万家科技型中小企业,其中33%是成立不足18个月的初创型企业,59.5%是员工人数在100人以内的企业。据统计,创新基金资助的企业职工总数平均增长了22.95%;年末资产总额平均增长了84.02%;年销售收入总额平均增长了63.76%;年人均销售收入总额平均增长了33.18%;年出口创汇额平均增长了30.14%;年净利润平均增长了56.46%;年人均净利润平均增长了27.36%;年缴税金平均增长了65.64%;年人均缴税额平均增长了34.27%。近年来,科技型中小企业技术创新基金规模不断扩大,促进科研机构、高校向中小企业转移技术并加强服务。经过创新基金扶持,无锡尚德、清华威视、浙大中控、中航惠腾、开米股份等一大批拥有自主知识产权的科技型中小企业快速成长壮大。

科技计划设立的制度也在完善。《国家科技计划管理暂行规定》作为科学技术部令第4号于2001年发布,共6章26条。为了规范国家科技计划管理,明确设立国家科技计划的基本程序和要求，强化国家科技计划管理的责任机制，建立国家科技计划管理的基本制度。

第四阶段更加注重资源的集成。从"十五"计划起，按研究开发、科技成果产业化和研究开发条件三大功能对科技计划进行了整合，形成了"3+2"计划体系。《关于国家科技计划管理改革的若干意见》2006年发布，对科技计划管理进行了改革，将体系调整为基本计划和重大专项两类。基本计划是国家财政稳定持续支持科技创新活动的基本形式，包括重点基础研究发展计划（即"973计划"）、高技术研究发展计划（即"863计划"）、科技支撑计划（即原有的科技攻关计划）、科技基础条件平台建设计划（新增设）四大主体计划和政策引导类科技计划等。与基本计划对应的是国家科技重大专项，即面向国家经济社会发展的重大需求，通过核心技术突破和资源集成，在一定时限内完成的重大战略产品、关键共性技术和重大工程。这样，国家科技计划体系也成为"1 + 1"的状态。

在科技投入相对不足的条件下，通过科技计划的手段集成国家科技资源，为一大批国家经济与社会发展急需解决的问题和产业发展提供了关键技术支持。通过计划，在关系国家长期发展和重大利益的领域进行了研究开发部署，在部分科学技术领域形成了一定的技术优势和自主开发能力，国家科技竞争力明显提高，为重点领域和新兴产业发展奠定了科技基础，促进了高技术产业发展，形成了较完整的科技基础设施。例如，通过"863计划"的实施，推动了中国高新技术产业发展，培养了一批高技术研究开发人员。

这些科技计划也面临着资源配置方面的问题，随着科技投入的规模越来越大，科技资源的类型越来越丰富，只有加强科技规划与计划的协同，才能有效避免可能的重复、交叉和脱节现象，提高科技资源的使用效率。上面这些计划很多是20世纪80年代设置和组织实施的，受到计划经济体制的影响，部分计划功能现已不宜作为政府公共科技的职能。一些科技计划有始无终，一些计划在完成基本任务后为获取资源而向其他方向发展，造成各计划主要功能的偏离和扩展功能的重叠。此外，资源集成度低，对国家科技发展整体调控能力弱，不能统筹发展，无法集中力量实现国家重大战略目标。

上述体系的变化，主要是不同类型计划的增减。如果将国家科技计划作为一个整体，其资源配置一直存在两方面的问题：一是不同类型计划间的协调，如基础研究、应用研究和产业化项目之间；另一个是跨部门的协调。改变后者的难度远远大于前者。

对于前者，"十二五"以来进行了调整，围绕培育发展战略性新兴产业和突破经济社会发展瓶颈，打破计划界限，推动协同创新，形成按重大任务配置资源的新机制。在制定国家"十二五"科技发展规划的同时，科技部面向战略性新兴产业、农业科技发展、民生科技发展等领域部署编制36项有关专项规划。以此为基础，选择专项规划中需要在国家层面强化部署，目标集中明确，任务分解清晰，有望在未来五年内取得突破性成果的重大战略产品、重大技术系统及集成应用示范工程，通过统筹集成"973计划""863计划"、国家科技支撑计划等国家科技计划相关资源，统筹考虑项目、人才、基地，以"重点专项"

的方式在计划中予以支持。

后者涉及科技资源宏观布局，长期是各界关注但协调乏力的领域。2014年，这一多年不变的格局有了变化，中央以科技计划改革为突破口，发布了《关于深化中央财政科技计划（专项、基金等）管理改革的方案》等重要文件，把国家科技计划重新组合形成5大类，又形成了全新的国家科技计划体系。与之相配套，依托原有的事业单位开展了专业机构的改建，未来一些社会化的专业管理机构也可能承担国家科技计划项目的过程管理。同时，国家科技计划总的管理办法，以及各类计划的管理办法也需要进行调整，如《国家科技重大专项工作规则》《国家科技重大专项管理规定》《民口国家科技重大专项资金管理办法》等。

深化科技计划管理改革

国家科技计划体系调整的过程，也是科技计划管理持续改革的过程。根据1986年国务院发布的《关于科学技术拨款管理的暂行规定》，各部门科研事业费归口科技行政管理部门统一管理。除基本建设经费、科技三项费用、企业与高校所属科研机构的科学研究经费之外，原来在各部门事业费中开支的科学研究费和文教类科学研究费划归各级科委统一管理。归并和调整原有的预算科目，增设"科学事业费"大类，将原来分散在农业、公交、商贸、文教等事业费类中的各部门"科学研究费"科目全部取消。科研单位原有的科研事业费，停拨或者减少，改为重大科研项目经费和信贷资金，科研机构和科技人员通过申请科技资金项目的方式，维持科研的持续和发展。

2000年，对1986年以来由国家科委统一归口管理各部门科学事业费的科技经费管理体制进行了改革。科技部对"863计划""973计划"等国家科技计划项目经费进行统一归口管理，而国务院各部门和各直属机构的人员和机构运转经费以及除科技计划项目经费以外的科学事业费则直接纳入各部门的部门预算，不再由科技部归口管理和分配。

为规范国家科技计划项目管理，提高科技计划项目[①]管理的效率，保证科技计划项目管理的公开、公正和科学，2001年1月20日制定了《国家科技计划项目管理暂行办法》（科学技术部令第5号）。从2001年《关于国家科研计划实施课题制管理的规定》出台开始，对科研活动的支持由经常性的经费支持转变为以课题项目招标为主的方式，科技部归口管理的各项科技计划全面推行"课题制"管理。

根据2006年8月出台的《关于改进和加强中央财政科技经费管理的若干意见》规定，中央财政科技投入主要分为国家科技计划（基金等）经费、科研机构运行经费、基本科研业务费、公益性行业科研经费、科研条件建设经费五类。其中通过竞争性方式进行支持的科技经费，主要是通过国家科技计划运行的。这推动了科技经费管理从注重分配逐步转向注重管理和效益，提高了财政科技经费的使用效率。

---

① 国家科技计划项目是指在国家科技计划中实施安排，由单位或个人承担，并在一定时间周期内进行的科学技术研究开发活动。

在2006年《关于国家科技计划管理改革的若干意见》中，提出了完善科技计划管理的一系列措施。例如，要求建立面向社会和产业需求的技术预测制度，在国家科技计划及项目管理中引入第三方独立评估的制度；发挥中介服务机构在计划项目管理中的作用，通过合同委托等方式参与计划项目评审、评估、监督、成果评价与推广等管理工作；建立信用管理制度，建立信用管理数据库，对项目实施过程中的相关机构、主要承担单位和责任人，以及咨询、评审专家等进行信用记录和信用评价，并将其信用状况作为决策的重要依据；建立统一的国家科技计划管理服务信息平台，实现科技计划项目的网上运作和管理等。

这个阶段，也不断强化过程管理，调整科技计划管理制度设计。在管理制度方面，修订了"973计划""863计划"、国家科技支撑计划等管理办法，进一步明确过程管理的责任主体，强化承担单位法人责任，加强重大项目实施全过程的监管和督导。科技计划管理改革过程中，充分发挥国家科技计划项目（课题）承担单位在计划项目实施管理中的协调、管理、服务、监督作用，有效调动科研人员和承担单位的积极性。对重大项目的组织实施进行独立的第三方监督，提高项目实施质量。

国家自然科学基金管理文件具有法规性质。《国家自然科学基金条例》（中华人民共和国国务院令第487号）2007年4月1日起施行。条例明确指出，国家设立国家自然科学基金，用于资助《中华人民共和国科学技术进步法》规定的基础研究。国家自然科学基金主要来源于中央财政拨款。国家鼓励自然人、法人或者其他组织向国家自然科学基金捐资。中华人民共和国境内的高等学校、科学研究机构和其他具有独立法人资格、开展基础研究的公益性机构，可以在基金管理机构注册为依托单位。

根据这些政策，自然基金在支持对象方面最大的特点是公益性，事业法人、社团法人、民办非企业等可以作为依托单位，但企业不可以作为依托单位承担基金（少数由院所转制为企业的机构除外）。如果企业中的技术人员希望申请国家自然科学基金，需要找到一个依托单位来申请，对于自然人也是同样的情况。近年来，无论是国家自然科学基金，还是北京等地的自然科学基金，都采取了和企业合作的方式。宝钢、三元等企业出资，按照自然基金的管理方式运行，基金的指南由双方协商后发布，承担单位仍面向上述公益类的科研机构。

在职能分工上，国务院自然科学基金管理机构负责管理国家自然科学基金，监督基金资助项目的实施。国务院科学技术主管部门对国家自然科学基金工作依法进行宏观管理、统筹协调。国务院财政部门依法对国家自然科学基金的预算、财务进行管理和监督。审计机关依法对国家自然科学基金的使用与管理进行监督。

2011年财政部、科技部发布了《关于调整国家科技计划和公益性行业科研专项经费管理办法若干规定的通知》，设立间接费用和绩效支出，提高间接费用比例，简化优化预算编制、调整程序，增加了承担单位和科研人员经费使用自主权，强化了经费使用纪律和监督责任，使经费管理既符合科研活动的基本规律，又符合国家财政资金管理和财经纪律要求。通过这些措施，优化了科技经费配置结构，进一步完善了竞争性支持和稳定支持相协调的投入机制，提高科技经费使用效率。同时，简化管理程序，实现项目任务评审与经费预算评审同步进行。

在过程管理方面，针对科技界普遍关注的指南编制和发布、项目评审、经费预算管理和信息公开等关键环节，采取了一系列措施。这主要包括：建立国家科技计划备选项目库，推进网络视频答辩和评审；建立和落实项目法人管理责任制和项目专员制，优化经费预算管理，完善评估评价、责任追究和成果汇交机制；加强项目实施全流程的信用管理，加强科技计划的信息公开；加强科技计划支持重点与地方、行业部门工作重点的有机对接。这些措施，有助于简化科研人员的申报程序，提高了国家科技计划项目管理的科学化水平。

为推进科技信用体系建设，2004年出台《关于在国家科技计划管理中建立信用管理制度的决定》，提出国家科技计划信用管理的对象是参与和执行国家科技计划的相关主体，包括国家科技计划的执行者、评价者和管理者。执行者主要是指项目承担单位、项目主持人等，评价者主要是指评审专家和评估机构，管理者主要是指接受委托履行管理职能的机构及其管理人员。国家科技计划信用管理与评价的依据包括项目合同、计划任务书与委托协议书、项目预算书等正式承诺、国家科技计划相关管理制度与政策法规以及科技界公认的行为准则等。

针对高校、院所和科研人员多年反映的科研项目资金"过细过死""重物轻人"等问题，2016年7月，中共中央办公厅、国务院办公厅发布了《关于进一步完善中央财政科研项目资金管理等政策的若干意见》，其特点在于扩大科研项目资金管理权限，例如，项目预算调剂自主权、劳务费分配管理自主权、间接费使用管理自主权、结转结余资金按规定使用自主权等。同时，也提出下放差旅会议管理权限，不简单套用行政预算和财务管理方法。

科技评价"指挥棒"

科学技术评价是指受托方根据委托方明确的目的，按照规定的原则、程序和标准，运用科学、可行的方法对科学技术活动以及与科学技术活动相关的事项所进行的论证、评审、评议、评估、验收等活动。为规范科学技术评价工作，建立健全科学技术评价机制，正确引导科技工作健康发展，《关于改进科学技术评价工作的决定》2003年由科技部、教育部、中国科学院、中国工程院、国家自然科学基金委员会共同发布。

决定提出，科学技术评价要坚持以国家目标或科技自身发展目标为导向，要针对计划、项目、机构、人员等不同对象，根据国家、部门、地方等不同层次，基础研究、应用研究、科技产业化等不同类型科学技术活动的特点，确定不同的评价目标、内容和标准，采用不同的评价方法和指标，避免简单化、"一刀切"。在决定的基础上，2003年还制定了《科学技术评价办法（试行）》，适用于对中央或地方财政资金资助的科学技术计划、项目、机构、人员、成果的科学技术评价。

战略性基础研究的评价以社会经济发展和国家安全中重大

基础科学问题为导向，突出国家目标与科学发展目标的有机结合，以科学技术前沿的原始性创新和集成性创新、解决国家重大需求的实质性贡献以及优秀人才培养为主要评价标准。

自由探索性基础研究的评价以科学发展目标为导向，主要以新发现、新概念、新理论和新方法等原始创新性成果和创新性人才的培养为评价标准，注重原始性创新和科研人员的创新潜力，鼓励探索，宽容失败。

科技条件工作的评价以给科技、经济与社会发展和国家安全等提供支撑和服务为导向，以基础数据、资料、资源的准确性、权威性、系统性、连续性、共享性和处理手段的先进性，大科学设备的使用率和使用效果，以及对决策的咨询与服务效果等为主要评价标准，要把对国民经济、社会和科学技术可持续发展的贡献作为评价重点，注重整合、共享与服务。

应用研究的评价应紧密结合经济建设和社会发展的需求，以技术推动和市场牵引为导向，以技术理论、关键技术、共性技术和核心高技术的创新与集成水平、自主知识产权（专利、版权、标准、专有技术等）的产出、潜在的经济效益、社会效益等要素为主要评价标准。

科技产业化的评价以建立企业为主体的科技成果转化与产业化机制，发展高新技术产业，优化调整产业结构为导向，以培育具有自主创新能力的高新技术企业为评价重点，以产品的技术先进性和创新性及其未来的产业化水平和发展前景为主要评价标准。这类科学技术活动要以市场评价为主，对这类科学技术活动的评价应注意吸收经济学家、管理专家及产业界人士的意见。

科学技术评价始终要将质量放在第一位。例如，对机构和个人（或群体）重点评价具有代表性的突出成绩和典型事件，不得以数量代替质量。建立与国际接轨的评价制度，规范科学技术评价行为。同时，也要公平对待"小人物"和"非共识"项目。对探索性强、风险性高的项目和创新性强的"非共识"项目，应淡化对项目有关的研究基础、可行性分析的评价，为创新性"非共识"项目提供探索性小额资助的机会，鼓励原始性创新活动。

近年，《中科院关于改革科技评价建立重大产出导向研究所评价体系的决定》中，也弱化了论文、专利、获奖等因素，突出关键核心技术突破，提供系统解决方案，成果转移转化产生重大社会经济效益等。

2000年，科技部曾颁发了《科技评估管理暂行办法》，对科技评估[①]的范围、原则、程序等进行了规范。这个文件突出了第三方的作用，委托方、评估机构和评估对象是科技评估的三个基本要素。

[①] 指由科技评估机构（以下简称评估机构）根据委托方明确的目的，遵循一定的原则、程序和标准，运用科学、可行的方法对科技政策、科技计划、科技项目、科技成果、科技发展领域、科技机构、科技人员以及与科技活动有关的行为所进行的专业化咨询和评判活动。

新时期的"举国体制"

在第三章中,我们谈及举国体制的成功经验。举国体制在科技领域也被世界各国广泛采用,如美国的曼哈顿计划、"阿波罗"登月计划、导弹防御系统,日本的第五代计算机研制、高清晰模拟电视系统等重大研发都采用了举国体制。同时,人类越来越需要共同面对能源、环境、健康、人口等领域的重大问题,这些问题的规模、成本和复杂性往往超出一个国家的能力,需要开展国际科技合作,多国政府共同参与的国际大科学工程和计划逐渐增多,例如人类基因组计划、伽利略计划、国际空间站计划和ITER计划等。

基于过去的成功,各界对举国体制存在着一种泛化的倾向,即认为"集中力量办大事"就能办成事,但举国体制有其特殊性、适应性和局限性。从本质上看,举国体制是一种为保证国家目标实现,由国家行政力量集中配置资源的组织制度安排,其特殊性在于资源组织的政府性,优势在于能将有限的资源快速向战略目标领域动员和集中[57]。

在当前社会主义市场经济条件下,举国体制是否还行得通,如何理解和组织重大科技创新任务?举国体制的特殊性也决定了其实施面临的局限性。在计划经济条件下的资源配置中,政府处于资源配置的主导地位,在宏观和微观方面发挥调控资源配置的职能;在市场经济条件下的资源配置中,企业处于资源配置的主导地位,充分发挥市场作用。举国意味着权力趋于集中,而市场意味着权力的分散,两种方式对资源配置都有边界和限制条件。一方面,不能片面地理解举国体制是类似"计划"的方式,忽视市场在资源配置中的基础性作用;另一方面,也要利用政府在资源配置方面的行政手段和政策设计,引导资源的优化配置。因此,举国体制需要适应经济社会发展的环境变化。

改革开放后,中国经济和科技管理体制、对外开放合作等方面都发生了变化,企业自身研发能力和参与公共研发活动的意识也明显提高。在新的环境条件下,举国体制在科技重大专项、三峡工程建设、高速铁路科技创新等方面也取得了良好效果,在政府作用、项目管理和范围领域方面与计划经济条件下的举国体制也有所区别。

第一,从行政配置资源为主到市场配置资源为主。在新型举国体制下,政府对资源的控制范围、手段和方式都与以往举国体制有所不同。首先,新型举国体制下政府更多地在"市场失灵"的领域替代市场实现对资源的有效配置。其次,在资源配置手段方面,企业是科技项目的参与主体,政府与之不具有行政隶属关系,委托代理关系依靠契约或协议来实现。再次,在参与方式方面,政府主要发挥引导协调作用,通过发起项目和制定政策引导创新资源向目标方向集中。最后,在国际合作方面,政府需要制定与国际惯例相协调的科技创新政策,吸引国际创新资源参与重大科技创新活动。

第二,从产品导向到商品导向。新型举国体制支持项目的性质也有所变化。在目标导向上,以往举国体制的目标具有政治导向,通常是带有国家目标的政治任务,政府也是项目产出的唯一用户，而新型举国体制的目标具有市场导向，注重项目的技术前景和市场价值，产出也将面对众多市场用户。在项目经济收益方面，以往举国体制的产品不直接面向市场，但新型举国体制则紧密结合经济社会发展的重大需求，不仅为参与单位带来经济收益，而且通过提高经济效益和促进新兴产业发展，创造了巨大的社会经济效益。

第三，从注重目标实现到注重制度设计。两种举国体制在组织运行方面有所不同。在资金来源上，新型举国体制较以往举国体制具有更多渠道，除了政府财政投入外，还引导社会资金共同参与。在运行机制上，新型举国体制引入了市场机制，例如通过严格的招投标制度，遴选项目承担单位。与以往举国体制项目的一次性不同，新型举国体制不断引入项目管理的方法，形成了常态化的管理系统和制度体系，例如重大科技专项形成了由管理规定、资金管理办法、知识产权管理规定、验收管理办法等一系列管理制度构成的管理体系。

《规划纲要》确定的国家科技重大专项，在组织实施上就有上述特点，可以认为是当前的举国体制。在国务院领导下，科技部会同发展改革委、财政部以及各有关部门、地方精心组织实施科技重大专项，探索完善社会主义市场经济条件下体现"重、大、专"特点的举国体制，创新实施机制，高效地集成了各方面优势创新资源。第一，确立领导决策机制。重大专项工作由国务院统一领导，各专项领导小组负责重大事项决策。第二，完善统筹协调机制。科技部牵头，会同发展改革委和财政部，强化协同推进以及监督评估工作。科技部重大专项办公室机构和编制逐步到位，财政部专门成立了重大专项处，工作人员队伍得到进一步充实，统筹协调能力不断加强。第三，强化责任落实机制。牵头组织单位是组织实施的责任主体，国务院于2009年明确了各专项第一行政责任人和专职技术责任人，强化了各方职责，形成了行政和技术两条线的管理体系。

那么，未来有哪些重大科技项目可以采用新时期的举国体制？或者说，新时期选择"两弹一星"重量级项目的标准是什么？这可能包括以下几个方面：

第一，在任务定位方面，能够体现国家发展的战略需求，具有重大的国际影响力，通过在前沿技术、产品或工程方面的重大突破，显著提升中国在世界综合国力竞争中的地位，成为中国实现"两个百年"目标过程中的标志性成果。

第二，在任务导向方面，能够面向紧密结合经济社会发展，体现明确的技术前景和市场价值，不仅具有重大的政治影响力，也能通过提高经济效益和促进新兴产业发展，创造巨大的经济社会效益。

第三，在目标凝练方面，能够集成科技、产业、财政、金融、社会发展等各个领域的需求，面向重大产品或工程，形成明确、具体的总目标；具有良好的前期基础，能够在明确的时间范围内取得预期成果和显著成效；能够对国内外竞争态势，专利、技术标准的布局，不同技术路线的优劣，技术经济性进行系统分析和判断。

第四，在资源配置方面，能够体现市场配置资源的决定性作用，发挥企业等市场主体配置资源的主动性和积极性；政府能够通过发起项目和制定政策引导全社会资源,通过制定组织管理规则协调各方利益,通过监督规范参与方行为。

第五,在组织管理方面,能够明确责任主体,体现以技术系统、工程系统为基础的分工;能够根据任务设置专项经费,实施以成本管理为中心的过程控制;能够运用市场化的进入和退出机制,吸引企业以直接投资、商业采购、股份投入等方式参与基础设施建设、重大部件生产。

第六,在政策支持方面,能够从供给、需求、税收、奖励等方面进行系统的政策设计,从基础设施、商业模式、技术标准等方面协调推进,能够降低新兴技术和产品进入市场的门槛,缩短从技术成果、产品到商品的生命周期,为企业、用户提供明确的市场信号和市场预期。

在市场化的情况下,新型举国体制的作用已远远不止于研发出新的产品和商品,在研发和商业化的过程中,在各项政策先行先试方面也需要发挥应有的带动作用。

部门、地方间协调

科技资源的配置,既有横向的、中央各部门间的协调,也有纵向的、中央和地方的协调。近年来,通过完善科技口会商、部际合作制度,以及科技部与财政部、发展改革委的三部门协调等机制,在国家层面加强部门之间科技资源的统筹。

在此期间,科技部、教育部、中科院、中国工程院、国家自然基金委员会、中国科协等部门建立了部门会商机制,共同研究协商科技发展与改革的重大战略。2011年1月8日，由科技部牵头，这些部门在北京召开第一次会商会议，对各部门共同关心的"十二五"科技发展规划相关工作进行了深入的研究和讨论。通过会商机制，各部门加强宏观统筹协调，充分发挥各自在"十二五"科技发展规划研究编制中的特色。科技部、发展改革委和财政部三部门建立了沟通协调机制，在协力推进重大专项、优化配置科技资源等方面发挥了重要作用。

同时，科技部和有关部门建立了部际合作机制，联合开展行业领域重大技术研发和应用。近年来，联合实施了国家知识产权战略、应对气候变化、高速列车、道路安全、全民健康等一系列科技行动计划，联合开展行业领域重大技术研发和应用。例如，中国高速列车自主创新联合行动计划取得重大突破，刷新世界铁路运营试验最高速度。科技部、公安部和交通部合作，联手推动"公共安全"专项行动。与工业和信息化部、卫生部等共建国家重点实验室培育基地，促进科技资源与行业发展结合。与铁道部、交通部的会商，凝练了一批行业发展的重大科技需求，"高速铁路重大关键技术及装备研制""港珠澳大桥跨海集群工程建设关键技术研究与示范"等项目已通过"863计划"、国家科技支撑计划等渠道予以落实。

2007年，地方政府的研发投入超过了中央政府，这是中国科技资源宏观结构的重大变化。相对前几十年研发活动主要由中央财政投入的状况，这一变化使得中央、地方科技资源的衔接变得更加重要。面向地方，科技部和各省、自治区、直辖市建立了部省会商机制，突出各地资源特色共同推进科技创新。

根据2007年发布的《科技部部省会商工作暂行管理办法》，部省会商工作以国家、省（自治区、直辖市）发展目标、支持方向、重点任务相一致为前提，以重大科技工作和重大科技项目为工作载体，以部省高层领导直接协商、决策，实行部省两个层面思路对接、工作互动，统一部署、共同推动，省（自治区、直辖市）为主组织落实作为基本制度。

部省会商机制是将地方发展需求与国家重大科技部署相结合的新型机制，成为统筹中央和地方科技资源的有效手段。会商内容，涉及发展思路、重大项目、计划安排，也涉及政策措施、机制体制创新、组织管理等方面的协调。突出各地资源禀赋、人力资源、产业优势，部省会商积极推动西部大开发、中部崛起、东北地区老工业基地振兴等国家战略实施，以及边疆民族地区、革命老区等重点区域发展。因其创新的工作模式和取得的实效，会商得到了地方各级政府的积极响应，产生了广泛的示范和带动效应。

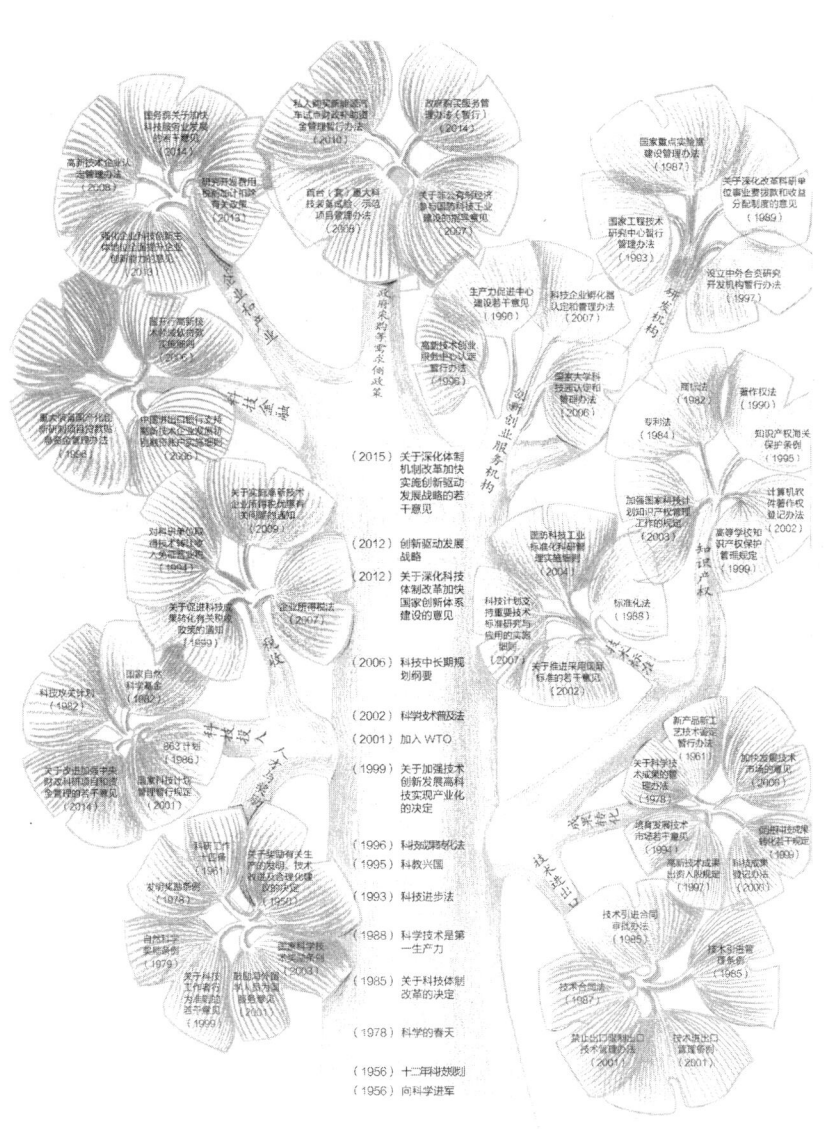

FROM ABSORPTION TO INNOVATION-DRIVEN
从"大胆吸收"到"创新驱动"

第十二章
国家创新体系：企业是技术创新的主体

对于科技政策的设计而言，一个考虑创新活动整体性的框架是非常必要的，这样可以避免以偏概全，见木不见林。国家创新体系，在理论界也称为国家创新系统，客观上发挥了这样的作用。同时，对从事科学研究和科技管理的人而言，国家创新体系既是一个非常明确、具体的题目，也是一个比较抽象的题目。说它明确是因为在深化科技改革的纲领性文件中，将改革的目标就设计为建设中国特色的国家创新体系。围绕2012年的中央文件，国家科办领导小组围绕改革的问题提出了5个方面、62项任务和242条措施，每一条都很具体。说它抽象是因为无论是在理论探讨还是在政策讨论当中，各类创新主体、创新活动都可以囊括，这就容易造成边界的模糊。

对这个概念之所以会有一些理解的不同，主要是基于看问题的角度不同，比如同样看一座山峰，早晨看和晚上看，或者从地面看和从空中看，它的视觉效果差别是很大的，但是，作为它的本体就在那存在着。创新体系的观察我们至少可以有三个视角，第一是理论视角，第二是发展视角，第三是改革视角。

国家创新系统

国家创新系统在科技创新政策的研究制定中，是一个国际上通行的概念。这个概念是1987年由经济学家弗里曼提出的。这个理论考察的背景是针对日本经济的腾飞，当时日本在缺乏技术和资金的情况下，通过政府的干预，如产业政策、技术贸易政策，迅速地使日本经济赶了上来。弗里曼就是在这个背景

第十二章 国家创新体系：企业是技术创新的主体

下提出了国家创新体系的概念。

后期有很多经济学家从制度角度、主体角度对创新体系进行了深化和阐述，1992年，丹麦经济学教授伦德瓦尔将国家创新体系定义为：在生产、扩散和使用新的经济上有用的知识的过程中各种成分和关系的相互作用。在此基础上衍生出了区域创新体系和部门创新体系的概念，区域创新体系的研究来源于产业集群，现在我们很多把它作为一个省或者一个市的范围。部门创新体系中的"部门"并不是指政府部门，而是产业部门，如新兴产业、农业。

1996年，经济合作发展组织（OECD）在其《国家创新系统》报告中将国家创新体系定义为：由公关部门和私营部门的各种机构组成的网络，这些机构的活动和相互作用决定了一个国家扩散知识和技术的能力，并影响国家的创新表现。这个时候，创新体系开始成为国际上关于政策研究的通行语言。在这个报告中，将创新系统分成了两个层次，第一个层次是核心层，包括企业、研究机构和相关的支撑机构；第二个层次是环境层，包括教育、市场环境、要素市场、宏观经济等方面。通过这种双层的作用来提高创新能力，支撑经济的发展。

近年来关于创新体系也有一些新的发展，例如说从对象上越来越关注转型经济体，中国本身就是一个世界研究的重点。从次边界上开始关注一些跨区域的、甚至全球的创新体系，如APEC框架下、欧盟框架下。另外，开始关注一些特定产业，特别是一些新兴产业。最后从研究的关注点上来看，开始关注创新网络、社会网络，当然也衍生出一些新的概念，包括创新生态、开放创新等。

再看发展视角。1998年2月，江泽民在中科院《迎接知识经济时代，建设国家创新体系》的报告上做了重要批示，提出"要建立我们自己的创新体系"，希望中科院"搞些试点，先走一步"。在2006年的科技中长期发展规划纲要中，正式出现了国家创新体系的概念，中国的科技政策进入了国家创新系统阶段。

国家创新体系的概念第一次进入中央的政策文件，就是在《国家中长期科学和技术发展规划纲要（2006—2020年）》里，这里面我们可以看出对创新体系的定义，当时还提到了发挥市场配置资源的基础性作用。现在整个理论背景已经有了大的改变，我们现在提的是市场发挥决定性作用。创新体系作为各类科技创新主体紧密联系和有效互动的社会系统，里面提出了五个方面：就是以企业为主体、市场为导向产学研相结合的技术创新体系，科教结合的知识创新体系，社会化、网络化的科技中介服务体系，各具特色的区域创新体系，以及军民结合、寓军于民的国防科技创新体系。我们可以看出来这个框架并不是一个理论框架，因为区域创新和国防创新与前三个并不在一个理论维度上，但是作为一个发展的角度，规划的特点就是把重要的任务突出出来，不能藏在里面。所以说从创新体系发展角度来说，这些是我们关注的最重要的五件事，在国家的"十二五"科技规划里面仍然是按这个维度来说的。

第三个视角就是大家非常熟悉的改革视角，在2012年中央6号文件中提到了五个方面。第一个是继续强化企业技术创新的主体地位；第二个是加强统筹部属和协同创新，提高创新体系的效率，包括科教结合、军民结合等方面；第三个是改革科技管理体制，促进管理科学化和资源高效利用，现在我们说的计划管理改革和一些科技基础平台其实都是这方面的内容；第四是关于人才的问题；第五是创新政策环境的问题。

可以看出，无论是从发展视角、改革视角还是理论视角，都有一些共性特征，都包括以下方面：第一是创新主体，核心是企业，也包括高校、科研院所、创新创业服务机构；第二是创新体系的核心特点，即协同互动，包括产学研、中央与地方、军民以及区域间的协同；第三是对资源的关注，如人才、科技投入、基础条件和设施；第四是对政策的关注，这里的政策不只是科技政策，也包括相关的经济政策、产业政策、贸易政策、金融政策。

在熟悉这三个背景之后，可以做一个比喻。创新体系就像一辆车，这里面既有硬件也有软件，硬件就是科技各类主体以及资源；软件就是连接科技和经济的各项制度，包括两个方面，一是科技的体系，二是经济当中与科技相关的体系，其中最核心的部分就是连接科技与经济各类体制、机制的这些内容。所以我们往往会有一个误区，把创新体系等同于研发体系，实际上创新是一个经济学的概念。在很多文件中，都要提到一个问题，就是科技与经济的问题没有从根本上解决，如何理解这些话呢？回顾这二三十年，无论是科技还是经济自身发展都非常好，无论投入、产出、专利、论文等方面，但是之间的连接机制并不是很顺畅。打个比方说，如果从中间分开，车的两个轮子转得都非常好，但是可能一个是2000转，一个是2100转，这个是需要协调的。科技要主动支撑经济，那么经济也要主动依靠科技，科技支撑经济的要点在于面向特定产品和服务的技术集成和政策集成，而经济主动依靠科技的要点在于给新技术和新产品提供明确的市场信号和市场空间。科技投入、科技人才就是车的基本动力，只有这个系统磨合好了，创新能力才能提高。

那么创新能力提高的目标是什么呢？这很明确，2020年达成创新型国家的状态，到新中国成立100周年，成为科技强国。现在有目标了，有设备了，那么走的道路就应该是有中国特色的自主创新道路。对于自主创新道路有很多种理解，至少可以假设两个边界，一个是有效的市场，另一个是有力的政府。政府有两个方面，一方面是科技本身的特点，科技本身存在于市场的实际情况；另一方面，创新体系本身的概念起源就是在于关注日本政府在创新当中的作用，所以说政府不直接管项目，但并不是说要弱化政府，恰恰是要政府加强政策设计和协调。在这条路上相当于有两个边界，我们的所有政策设计即使往一边偏，最终都要摆回来，因为如果过于强调市场的作用，可能会存在市场失灵的领域；如果过于强调政府的资源配置，难免会出现一些僵化、效率低的情况。

需要说明的是，一个国家的创新体系要适应经济体制和经济发展阶段。经济体制是一个国家制定并执行经济决策的各种制度的总和，包括国家与企业、企业与企业、企业与各经济部门的关系。因此，任何国家的创新体系都是需要不断自我完善的，即使经济、科技最强大的国家也不例外。比如美国，进入20世纪以来，美国基于其国家创新体系，获得了巨大的科技创新能力，并由此在经济、国防等领域一直保持世界领先。近年来，美国在研发投入、基础研究、企业创新方面仍然保持了强劲的竞争力。美国国家创新体系的基本特点在于形成了政府、产业和大学紧密结合的"创新三螺旋"。美国政府始终扮演着积极的引导者角色，通过投资、政策以及教育影响着创新的决策和创新系统的走向①。即使这样，2015年左右，美国一些智库仍然认为美国创新体系面临一系列问题，如社会创新精神和国防创新能力均显疲态，而且美国政府在发挥政府主导作用、应对初创企业和国防创新减缓等方面已经采取了相关措施。这反映出，一个国家的创新体系是不断演化的系统，即使对于最领先的国家，也需要不断调整认识，根据技术经济发展规律进行相应调整。

企业技术创新

1912年经济学家熊彼特首先从经济学角度系统提出了创新理论。他认为，一个经济（体），如果没有创新，就是静态的没有发展、增长的经济。经济之所以不断发展，是因为在经济体系中不断地引入创新[58]。在熊彼特的创新理论中，集中探讨的

---

① 近年来，政府研发经费所占份额有所下降，大约维持在30%左右。美国企业研发投入高，拥有大量研发机构和高比例的科技人员，使其具有强大的技术创新实力。研发经费的增长主要来自企业，其研发投入是政府的两倍。2011年，世界研发投入最多的1500家企业中，美国企业占了1/3。美国拥有世界数量最多的一流研究型大学以及享誉世界的国立科研机构，它们提供了大量的基础研究和关键共性技术，培养了大量高技能人才。通过《拜杜法案》等政策措施，有效推动了创新主体间的互动、创新资源的流动和创新成果的转化。此外，有利于创新的企业家精神和社会氛围，也是美国创新体系的重要组成部分。

是作为创新驱动机制的企业或企业家精神。当时，主流经济学都在关注亚当·斯密强调的市场这只"看不见的手"，而忽视了企业家，而熊彼特认为企业家能够通过对生产要素的新组合实现创新。

创新体系对企业的作用，就是通过直接或间接的方式，降低企业创新的成本。中国的经济发展，得益于政策的引导，根本上实现了企业家精神的释放。1985年以来，国家从经济、技术及产业政策等方面对乡镇企业的发展进行扶持与引导，如1985年5月，中共中央、国务院批准国家科委根据县镇企业和中小企业发展的迫切需要而提出的"星火计划"[1]225。直至2012年，国务院办公厅专门出台了《关于强化企业技术创新主体地位全面提升企业创新能力的意见》，为企业技术创新提出了一揽子的政策导向。

对企业技术创新的鼓励，集中体现在高新技术企业。当时，为了发展高新技术产业，促进高新技术企业快速发展，国务院于1991年发布《国家高新技术产业开发区高新技术企业认定条件和办法》，授权原国家科委组织开展国家高新技术产业开发区内高新技术企业认定工作，并配套制定了财政、税收、金融、贸易等一系列优惠政策。其后，根据形势的需要，1996年将高新技术企业认定范围扩展到国家高新区外。1999年中共中央、国务院召开科技大会之后，根据新的形势要求，再次修订了国家高新区内高新技术企业认定标准。

科技部、财政部、国家税务总局2008年4月14日发布了《高新技术企业认定管理办法》。这个办法是根据《中华人民共和国企业所得税法》《中华人民共和国企业所得税法实施条例》等规定而制定的,目的是扶持和鼓励高新技术企业的发展。《办法》所称的高新技术企业是指:在《国家重点支持的高新技术领域》内,持续进行研究开发与技术成果转化,形成企业核心自主知识产权,并以此为基础开展经营活动,在中国境内(不包括港澳台地区)注册一年以上的居民企业。第九条规定,企业取得高新技术企业资格后,应依照本办法第四条的规定到主管税务机关办理减税、免税手续。

  高新技术企业认定需同时满足以下条件:第一,在中国境内(不含港澳台地区)注册的企业,近三年内通过自主研发、受让、受赠、并购等方式,或通过5年以上的独占许可方式,对其主要产品(服务)的核心技术拥有自主知识产权;第二,产品(服务)属于《国家重点支持的高新技术领域》规定的范围;第三,具有大学专科以上学历的科技人员占企业当年职工总数的30%以上,其中研发人员占企业当年职工总数的10%以上;第四,企业为获得科学技术(不包括人文、社会科学)新知识,创造性运用科学技术新知识,或实质性改进技术、产品(服务)而持续进行了研究开发活动,且近三个会计年度的研究开发费用总额占销售收入总额的比例符合特定要求[①];第五,高新技术产品

---

① 最近一年销售收入小于5000万元的企业,比例不低于6%;最近一年销售收入在5000万元至20000万元的企业,比例不低于4%;最近一年销售收入在20000万元以上的企业,比例不低于3%。其中,企业在中国境内发生的研究开发费用总额占全部研究开发费用总额的比例不低于60%。企业注册成立时间不足三年的,按实际经营年限计算。

（服务）收入占企业当年总收入的 60% 以上；第六，企业研究开发组织管理水平、科技成果转化能力、自主知识产权数量、销售与总资产成长性等指标符合《高新技术企业认定管理工作指引》的要求。

2016 年 1 月，最新的《高新技术企业认定管理办法》对于高新技术企业的认定又进行了很大的调整。新办法最核心的是降低了高新技术企业认定的具体条件，让更多科技企业受惠于国家政策，在科研人员比例、研发费用占比等核心条件上放宽标准。同时，强化后续监督力度，提高对企业合规性的要求，违规成本增大。例如，取消了独占许可类型的知识产权。与自主研发、受让、受赠、并购等取得知识产权相比，"独占许可"取得知识产权是通过签署"独占许可协议"的方式获取，涉及境外知识产权在中国境内的独占许可协议，由于国家知识产权局尚不予受理备案登记，主管机关核查困难，所以新规予以取消。在人员比例方面，由"科技人员占企业当年职工总数的 30% 以上"调整为"科技人员占企业当年职工总数的比例不低于 10%"。

对企业研发的支持也体现在鼓励企业建立研发机构。2012 年，《依托企业建设国家重点实验室管理暂行办法》规定，面向社会和行业未来发展的需求，开展应用基础研究和竞争前共性技术研究，研究制定国际标准、国家和行业标准，聚集和培养优秀人才，引领和带动行业技术进步。随着民营企业技术能力和需求的提高，政策上也给予了支持。2011 年《关于加快推进民营企业研发机构建设的实施意见》提出，推进民营企业建立技术（开发）中心，承担或参与工程（技术）研究中心、工程实验室、重点实验室建设，推进大型民营企业发展高水平研发，支持中小民营企业发展多种形式的研发机构，落实《科技开发用品免征进口税收暂行规定》等政策。

技术经济范式

了解了国家创新体系后，再看技术经济变化对创新体系的影响。首先要解释范式的概念。科研人员最熟悉两个范式，第一个是科学研究范式，包括提出问题，提出假设，通过数据和统计分析来验证这些假设，这是科学研究的范式，无论是自然科学还是社会科学都要按照这个基本逻辑。第二个是从科技到产业化的范式，一般是从基础研究、应用开发、中试，到产业化、商业化和规模化。

那么，在这些范式当中有哪些要素和环节正在发生着变化呢？首先来看一下科学的范式，科学范式到目前为止已经经历了四个阶段，现在有的学者把第四个阶段叫作大科学的第四范式。第一个是经验科学范式，主要依赖于试验模型，如伽利略的两个铁球，是典型的经验范式。第二个是理论范式，开始引入了数学的工具，通过数学模型来发现新规律、探索新问题，现在很多学科的基础都是通过这种范式来确定的，如物理学、化学。第三个是模拟范式，通过计算机仿真来进行分析。最新的范式我们称之为大数据科学，通过大数据挖掘的方式来进行科研的组织和开发。

在科学的基础上再来研究技术和经济的范式。技术经济范式从理论上来讲就是：技术对宏观和微观经济的结构和运行模式产生影响的一个过程。想要理解技术经济范式的核心，就要理解一个概念，即关键生产要素。一般来说，产业革命的关键生产要素都具备三个基本特征，第一个是成本较低，并且相对成本迅速下降，如蒸汽机技术；第二个是在长期内几乎无限的供给能力；第三个是在经济系统中具有广泛的应用前景。

下面我们来看一看历史上有哪些关键生产要素。我们一般说的5次变革或者5个周期，这个过程中它的关键生产要素的技术分别是：第一次是电动机和发电机；第二次是以汽车、洗衣机、冰箱为代表，主要是电器化的技术；第三次是以飞机、半导体计算机为代表的信息技术；第四次和第五次都是我们比较熟悉的新一代信息技术、生物技术、新材料技术、新能源技术等方面。

自1790年实施专利制度以来，有9项专利技术被认为改变了世界的面貌，这9项技术分别是：轧棉机(1794年)、缝纫机(1846年)、电话(1876年)、电灯(1880年)、汽车(1895年)、飞机(1906年)、静电复印术(1942年)、晶体管(1950年)、电子计算机(1946年)，这些技术的产生和广泛应用形成了一批新兴产业群。那么从当前来看，结合我们的新兴领域，我们的关键生产要素是什么呢？例如在光伏领域是光电的转化技术，在生物燃料智能领域是纤维素酶的技术，在能源领域是核聚变的技术以及智能电网技术。这些技术的变化不仅能够产生出新的产品和新的服务，同时这些服务也将反过来创造需求。

技术经济范式的第一个变化，是作为关键生产要素的新兴技术呈现群发性和融合性的特征，需要更加稳定、包容的公共研发平台。这方面有以下几个例子：

第一个例子是2014年诺贝尔物理学奖颁给了两位日本科学家和一位日裔科学家，他们的贡献在于发明了高效氧化镓基蓝色发光二极管，带来了明亮而节能的白色光源。这反映了科学和技术之间的边界已远远不像以往那样清晰。这次诺贝尔奖公布之后，国内物理学界惊讶、惊叹与惊喜并存[59]。惊讶是因为它不在前期预测的热门获奖人和获奖成果之中，惊叹的是应用性和技术性如此之强的成果获得了物理学奖，惊喜的是看到了在这个被认为"不很物理"的领域内拼搏的同行们获得的巨大成就被理论物理学界的认同。

第二个例子是关于太阳能的利用方面，太阳能有很多种利用方式，从基本技术路线来看有光电利用和太阳能热利用，光电利用包括多晶硅、单晶硅和薄膜电池。这三种技术路线分别有不同的特点，薄膜电池的特点是比较轻薄，缺点是效率低。当时有预测认为，2015年薄膜电池的市场占有率将大幅度增加，将近25%，但目前远远达不到这个比例，可能也就10%左右。为什么会这样呢？因为当时的判断是随着它的转化效率提高，其优势相对于多晶硅会上升。2010年前后多晶硅的价格大幅度下降，它的成本下降反而提高了多晶硅的竞争优势。我们在关注技术的同时也要理解它的技术经济效益，很多时候一个技术的成功并不在于它的技术先进性，而是它的适用性。

技术经济范式的第二个变化，是从产业分工来看，全球产业分工的变化将导致企业的竞争压力增大，在技术创新方面需要建立由核心企业主导的更加敏捷、低成本的创新网络。这个变化主要有两个特点，第一个是现在媒体提出的制造业回流，一方面是发达国家，特别是美国和欧盟，希望通过优惠政策把它们的高端制造业吸引回去；另一方面，一些低端制造环节，如服装制造，现在开始大幅度向东南亚转移。由此说明中国的企业面临着两方面的竞争，一方面来自于高技术的竞争，另一方面来自于低成本的竞争。

第二个特点是从垂直分工逐步发展到了水平分工。中国一些优秀企业的产品已经具有了国际竞争力，如手机领域，原来在下游为跨国公司做组装，现在已经和韩国、日本的企业开始了直接的消费市场的竞争。在这个背景下企业的压力会变得非常大，而且研发成本会迅速提高。相关的有两个假说，一个是科技泥流假说（Technology Mudslide Hypothesis），这是哈佛大学的克里斯坦森教授提出来的，他认为企业只有随着行业的技术一起发展，就像逆水行舟一样，如果稍微停顿，就会面临灭顶之灾[60]。对于一些间接性技术或延续性技术，这种假说是成立的，但是对于颠覆性技术却不成立。也就是说我们的企业在技术路线选择的时候，以前的风险是产品级的，后来到了生产线级，到了现在是行业级，可能在很短的时间里一个行业就会消失。

第二个假说是"红皇后奔跑"，这个定律是由生物学家 Leigh Van Valen 于 1973 年提出，来源于 1871 年 Lewis Carroll 的文学作品《爱丽丝漫游奇境》，讲的是爱丽斯和红皇后手拉着手一同出发，但不久之后，爱丽斯发现她们处在与先前一模一样的起点上。对此，红皇后的答案是：以现在的速度只能逗留原地。如果你要抵达另一个地方，你必须以双倍于现在的速度奔跑。这个概念的核心要点，是为确保整体的和谐一致，个体之间必须完全同步"奔跑"。这和科技泥流假说有些相似，但是区别在于，如果想超越就必须以双倍的速度来奔跑，这是这个假说的特点，也就是说这个过程中企业一方面受到压力，另一方面还要以双倍速度奔跑才能实现转型。那么需要什么来实现呢？就需要大量的公共研发机构、中小企业来分担创新的风险和成本。

从一些文献和报道来看，国外的一些学者对中国企业创新能力的认识，可能跟我们的理解有差别。这些企业都是我们的知名企业：比如联想，从代工设计入手并伴随着全球IT行业的技术趋势推出更新换代的产品；对富士康的认识是，将20万人集结到指定的地点，这是美军都无法做到的；还有华为，整合现有的技术和产品，发现新的解决方案。那么从实际来看，富士康连续7年在中国专利申请量和发明专利申请量中排名前三，而且，富士康在全球IT产业中占据重要位置，也体现为大规模的灵活生产能力。虽然美国公司过去有这样大规模经营的能力，但即使在其全盛时期，美国的生产体系还是集中在大规模生产上，没有能力在同一地点的同一条生产线上灵活地制造出一系列的产品[61]17。而现在这种能力是中国一些企业独有的。这些信息如果用以往的政策设计理念难以观察到，一般还是认为它只是生产加工企业。

继续看企业创新风险和成本的减少，除企业外还有很多创新主体，如科研院所、创新创业服务机构、高校，在创新体系中这些主体的作用都是要分担企业的创新风险和创新成本。通过统计数据来看，中国高技术产业中内资企业的利润率从1995年到2010年都在下降，这也反映了垂直分工的结果，很多跨国公司在中国投资以后，中国的内资企业往往是生产环节，这反而抑制了技术能力的提高。

另一个现象是，目前一些地方政府成立了工业技术研究院或产业技术研究院，这些机构有上百家甚至上千家，比较知名的也有几十家，那么为什么现在地方又提出这样的需求呢？共性技术如何来提供？这都是创新体系中需要关注的一些重点问题，例如如何奠定这些机构的法律基础；还有，从支持方式来看，是提供直接的财政支持，还是通过税收、金融等方式来进行支持。

技术经济范式的第三个变化，就是创新资源配置主体和方式多元化，需要更加多元、协同的创新治理结构。其中包括三个层面，第一个层面是整个科技发展的宏观层面，因为十八大提出建立国家治理体系和治理能力的现代化，这个在科技领域是如何理解呢？我们认为在治理结构上，包括市场、政府和社会三个方面；从治理的方式来看，包括政策机制和非政策制度两个层面。我们平时关注的很多是正式制度，如对市场来说，技术标准、知识产权都是有合同的；对政府来说，主要是各项法律、政策、法规；对社会来说，包括一些社会组织的章程、管理办法等；还有大量的非政府职能，如企业家精神和各类协调机制。在科技治理中，要更多地发挥自组织能力，鼓励通过自我投资、自我组织来提高创新能力。

第二个是从纵向看，关于计划管理的改革。以前的创新资源配置从大的方面是按创业链配置的。2014年前面临的问题就是从资源配置上要实现一种"转置"，原来各计划内部是按领域分的，如能源领域、民生领域、资源环境领域。那么未来需要从每个领域里面拿出一部分来纵向进行设计，如果说以前的这种安排我们把它作为科技资源的"源"的话，那么未来就会实现"汇"。目前改革当中有一项就是面向重点任务，它的作用就是要实现这种源和汇的"转置"，这种"转置"从理念上来说是面向产品、面向目标。但是在操作层面需要一套完整的技术制度设计，里面包括项目决策、项目责任以及基于技术体系的分工。2014年关于深化预算管理改革的措施当中，提出了建立跨年度的预算评估机制，这为科技计划的制度设计在财政政策上提供了很好的基础。

第三个是从技术管理工具的层面，需要以产业链的方式把各个行业的在位企业、主要研发机构、主要专利以及以往科技计划支持的项目，都以产业竞争地图的方式进行展示。以后每一个专项或者每一个重点任务，都需要以这样的一张图来进行任务的总体的设计和把关。

技术经济范式的第四个变化，是个性化定制的需求逐步旺盛，需要更加前瞻、深刻的用户参与，如3D打印以及大数据技术的应用。以往我们提的是为用户创造价值，那么现在更多的是用户本身就在创造价值，用户即数据，数据即价值。同时，产业转型和城镇化在能源、互联网领域高度融合，而这个领域也是一些个性化的领域,在前期就需要用户来参与,因此用户也是创新的主体。从技术层面看,近年流行的树莓派也是一个很好的例子,这个产品的开发是由英国的一个基金会完成的,它没有政府的投资,由两家企业来生产,产品的售价只有25美元或30美元。但是这种产品具有巨大的二次开发潜力,比如一个人就可以做一个热气球,来进行气象监测,还可以做很多玩具,在它的体验站里面1/5是儿童,4/5是成人,大量的人通过这种技术来进行二次开发和创业,这个技术本身为创业环境也带来了变化。

技术经济范式的第五个变化是关系到人的问题,对于人才往往会想到"千人计划""百人计划"等,但此处想更多地讨论一下最基本的劳动力问题。劳动力从供给充足到供给不足的关键转折点称为刘易斯拐点,学界预测中国的拐点是在2015年到2020年左右。2013年中国的劳动力占适龄人口的73.8%,在历史上首次出现下降,同时由于社会保障、社会福利都在提高,劳动力成本上升的趋势也不可避免。这就涉及劳动生产率,世界银行的报告认为,中国的劳动生产率是OECD国家的一半,不如拉美的水平;中科院曾有报告认为只相当于美国的1/12,日本的1/11,有的认为甚至不如印度。

那么如何看待劳动生产率的问题呢?这和中等收入陷阱紧密相关。中等收入陷阱的实质就是劳动生产率的增长速度赶不上福利增长的速度,从这个角度来看不仅是中等收入有陷阱,所有的收入都有陷阱,即使是高收入国家的劳动生产率低于福利增长,也仍然有陷阱。阿根廷就是一个例子,曾经长期在 GDP 的世界前八名，后来财政体系却曾面临崩溃。每个国家的发展都需要找到一个劳动生产率比较高的领域作为它的突破口，中国就赶上了三次机会，第一次机会是 20 世纪 80 年代在纺织领域，以珠三角为中心；第二次是 20 世纪 90 年代以机械、电器为代表，以长三角为中心；第三次是东部沿海，大部分地区以信息技术为代表。如果说收入陷阱的话，那么现在好多低收入国家，还始终在陷阱里面。因为始终找不到一个产业领域，它的劳动生产率相对比别的国家好那么一点点。

1992 年左右，大量的农村劳动力转向城市，大量应用了劳动密集型的技术。讲中国的创新体系，讲中国经济的发展，如果我们忽视了这些技术的存在和这些发展的存在，我们就不能解释，中国 30 年的财富是如何积累起来的，我们就不能真正理解当时为什么说科技跟经济没有有效结合的问题，也会忽视我们创新体系当中一些非常生动的内容。

为了提高劳动生产率，提高就业的质量，需要做什么？第一个就是创新创业环境。比如国际上用于统计创业环境的指标——开业时间和开业手续数，中国的开业时间和中等收入国家是同步下降的，这个方面中国具有优势，说明我们的创业环境还比较好。从开业手续来看，中等收入国家已经从 2004 年的 11 项下降到 2014 年的 7 项，中国目前还在徘徊在 12 项以上，说明手续相对于中等收入国家，仍然比较繁杂。

有很多企业开始主导一些创业大赛、创业培训，如车库咖啡、36 氪、创业工厂、创客……从创新角度这意味着什么？这些企业已经开始主动通过这个方式来分担它的风险，因为它不用支付这些创业者的工资和福利，而是通过收购、整合的方式来获得这些创新的成果。

技术经济范式的最后一个变化，是大数据的集成分析将大幅度提高创新资源的使用效率[62]。大数据的本质是面向海量数据的数据挖掘，发现隐藏的知识和规律，这为优化创新资源配置开辟了新的空间。根据美国麦肯锡公司2013年的报告，充分利用大数据技术能使零售商提高利润率60%以上，使美国医疗保健行业降低成本8%。经过多年的积累，中国形成了大量的科技文献、监测数据等科技基础信息。同时，也积累了大量面向市场的科技数据资源，例如技术成果、技术交易数据、高新技术企业、研发机构、大学科技园、科技企业孵化器等数据。这些数据往往形成相对独立、难以探索的数据孤岛，而大数据的信息关联、智能决策等功能，能够对这些分割、离散的数据信息进行集成，并提供智能化、商业化的增值服务。

大数据将促进研发活动的去组织化和再组织化。一方面，与传统以课题组、科研机构为基本单元的研发组织载体相比，社会化的研发组织将更为普遍，伴随移动互联网、社交网络的发展，研发活动的参与者越来越能够以个体的身份脱离学科领域、学术地位、空间等因素的限制，围绕特定主题参与到研究的策划和实施中。另一方面，大数据技术将促使研发活动由精细化的单向组织管理走向趋势化的复合组织管理，对全局性预测的准确性和实时性要求更高，特别是对研发数据的在线收集和即时分析，为大规模研发活动的组织和协调提供支持。

大数据也将促进跨领域的技术和产品研发。以生物医药产业和信息技术的融合为例：在研发环节，很多发达国家正尝试运用信息技术建立"虚拟人"，将药品临床试验的某些阶段虚拟化；针对电子健康档案海量、即时数据的挖掘和分析将有助于招募特定基因型的患者开展临床试验，研发基因导向型的个体化药物，这将大大加快药品研发效率，降低研发费用。在生产流通环节，无线射频识别标签、智能尘埃（超微型传感器）、温度传感器将在药品流通中广泛应用，提高药品流通行业集中度和流通效率。在医疗服务环节，电子病历、智能终端、物联网、网络社交软件等将使有限的医疗资源被更多人共享，形成新的医患关系，并推动个体化的医疗服务。这些活动正在促使生物医药、信息技术两类传统意义上边界清晰的领域开始融合，而融合所必需的对海量即时数据的分析处理，都要以大数据、云计算等技术系统为前提。

大数据还将缩短基础研究、应用开发到创新的进程。大数据带来的管理、检测等流程的优化将大大缩短研发周期。在基础研究方面，对海量数据的预测建模能帮助识别那些具有更高可能性的方案，这在药物分子筛选方面尤为明显。另一个案例来源于英特尔，其采用大数据技术开发的预测分析解决方案，能够收集生产过程中的历史数据，由此带来更快速的芯片研发，并将芯片的测试时间缩短25%。

大数据在促进技术经济范式形成的过程中，需要相应的制度规范和保障。例如，在数据应用方面，既要鼓励科技数据，特别是财政投入形成的数据，实现更大范围、更及时的开放共享，也要通过立法和有效执法加强知识产权保护，注重数据资产的价值，防止数据被滥用，明确界定数据挖掘、利用的权限和范围。在研发组织方面，虽然大数据在构建创新网络上具有明显优势，但也存在一定的局限性。欧盟最近的一项调查认为，在创新网络形成过程中，面对面的交流仍是不可或缺的因素。因此，大数据技术作为一项高效便捷的组织工具，其收集、分析和研判得出的关联机制，需要与学术研讨会、创新创业大赛、创业公开课等常规的、更加具象化的交流沟通方式紧密结合。在促进跨领域、跨环节的融合方面，需要各主管部门依托各类创新示范区、高新区、经济开发区，面向产品、服务、技术标准、合格评定程序等方面，集成各类创新资源开展大数据的试点示范，为大数据产业快速发展提供更加清晰的市场信号。

最终为了企业

企业的技术创新，既有日常的技术改进、工艺改造，也有技术路线上的转型升级，尤其是当颠覆性技术产生时。这种转型升级意味着，企业为提高可持续发展能力，通过开辟新的产品、服务，实现经营方向调整，这也是产业转型升级在微观层面的着力点。这种转型升级是一个复杂的过程，往往是各类因素共同作用的结果。其中,通过技术创新推动转型升级是最根本、最有力的一种方式，除了内部研发、技术并购等传统路径，随着技术融合、互联网广泛应用等创新活动变化，也催生了内部

第十二章 国家创新体系：企业是技术创新的主体

创新创业、开放平台、跨界转型等新方式[1]。从一些代表性企业发展的特点来看，通过技术创新实现转型升级主要有以下路径。

研发形成新兴技术。公司通过持续研发形成新兴技术，是促进转型升级最根本、最有力的方式。IBM是始终引领技术发展，勇于自我革新的典型代表之一。又如，美国通用电气公司(GE)在发动机领域实现了许多开创性的科技研究成果，如世界第一台涡轮螺旋桨发动机、美国第一台喷气式飞机发动机等，使其业务从工业电器发展至航空发动机领域。柯达公司没能适应数码摄影技术的冲击而最终导致破产，则是反例。

收购技术或并购企业。企业可以通过并购等方式获得外来技术，以实现自身的转型升级。在化学品、制药等领域，由于研发投入强度高、风险大，该领域很多百年老店在坚持自身研发的同时，非常注重通过技术并购实现产品升级。例如，瑞士罗氏制药公司通过收购基因泰克44%的股份获得其在生物医药领域的优势技术，将自身从传统的化学制药企业打造为生物医药企业。沈阳机床集团并购希斯公司后，实现了有效平稳的整合，不仅使沈阳机床直接获得核心技术，也为沈阳机床发展高端机床产品提供了便利。

内部创新创业。通过建立内部"孵化器"等方式在企业内部形成创新创业机制，有可能摆脱已有的技术路径，孵化出新的产品。例如，谷歌公司内部推行"创新实践"项目，鼓励员工在完成既定研究任务后开展自由探索，以AdSense网络平台

---

[1] 本部分相关案例得益于作者同林娴岚助理研究员的讨论与合作。

为代表的优秀新产品都源自员工在这20%时间内的创新。海尔集团推出"创新孵化器",在公司内部培育"创客"。

开放平台。以互联网为基础,面向社会建立开放的创新平台,有利于集成各方面的技术和创意。例如,特斯拉公司开源所有专利,让更多的人或企业参与创新,推动建立"电动汽车的矩阵",而不是单打独斗。这无形中提高了特斯拉技术的普适性,在市场培育、政策突破、技术积累等方面,会形成群体的生态效应,有利于新产业快速形成规模。腾讯公司从2010年开始战略转型,通过与众多第三方的开放式合作,成功保持了平台用户与流量的稳定增长,并持续为用户提供好的产品与体验。这使腾讯从单纯的社交网络平台转型升级为综合的社会服务供应商。

跨界转型。跨领域实现技术集成,也可能实现新的技术路径和产品,促进企业转型升级。因此,企业需要关注来自其他产业的企业通过跨界研发而带来的冲击。美国苹果公司在iPod、iTouch等随身听产品基础上增加通信模块,颠覆了传统手机企业的研发路径,引领了移动智能终端的发展。

通过技术创新实现转型升级,企业需根据自身业务特点和发展阶段特征,选择适宜的创新发展路径。分析不同路径的优势、劣势及其适用性,因地制宜地采取一种或多种路径实现有效的技术供给。企业还需建立配套的组织管理模式,不同的技术创新路径需要与之相配套的管理模式。企业应根据内部研发、内部创新、开放平台、技术并购等不同路径的特点,不断调整完善内部治理结构与运行机制,形成相匹配的组织管理模式。

关注国家创新体系的根本目的,从大的方面来说,就是要加强科技与经济的结合。具体来说，就是要降低企业的风险，降低企业的成本，以提高企业的效率和利润，特别是对于那些要通过技术创新来实现转型升级的企业。近年来，企业成本提高快于生产力提高，在很大程度上来自于社会压力，来自于政府的要求，来自于社会保障体制的改革等。企业要消化掉过高的成本，最重要的是努力创新、努力提高生产力，但如果这方面过快，就会把企业压得喘不过气来[63]。与此相类似的是工资，工资是对劳动者个人支付的货币，劳动力成本是单位产品中工资成本所占的份额。工资可以提高，但是如果生产力也提高了，单位产品劳动力成本是下降的。

考虑到技术经济范式的变化，未来的科技政策设计，需要更加稳定的公共研发平台，需要更加便捷、低成本的创新网络，需要新的治理结构，需要更加前瞻、深刻的用户参与，也需要更加开放和宽容的人才激励体制。

根据这些需求，未来的创新体系也要构建三个层面，第一个层面是有力的政府，在市场规划、基础设施、创新资源、制度设计方面需要加强政府的作用。第二个层面是有效的市场，按照市场规划来配置资源，而且不只是科技的资源。第三个层面是有为的社会，通过社会来增强创新活动的自组织能力，特别是有效发挥行业组织的作用。

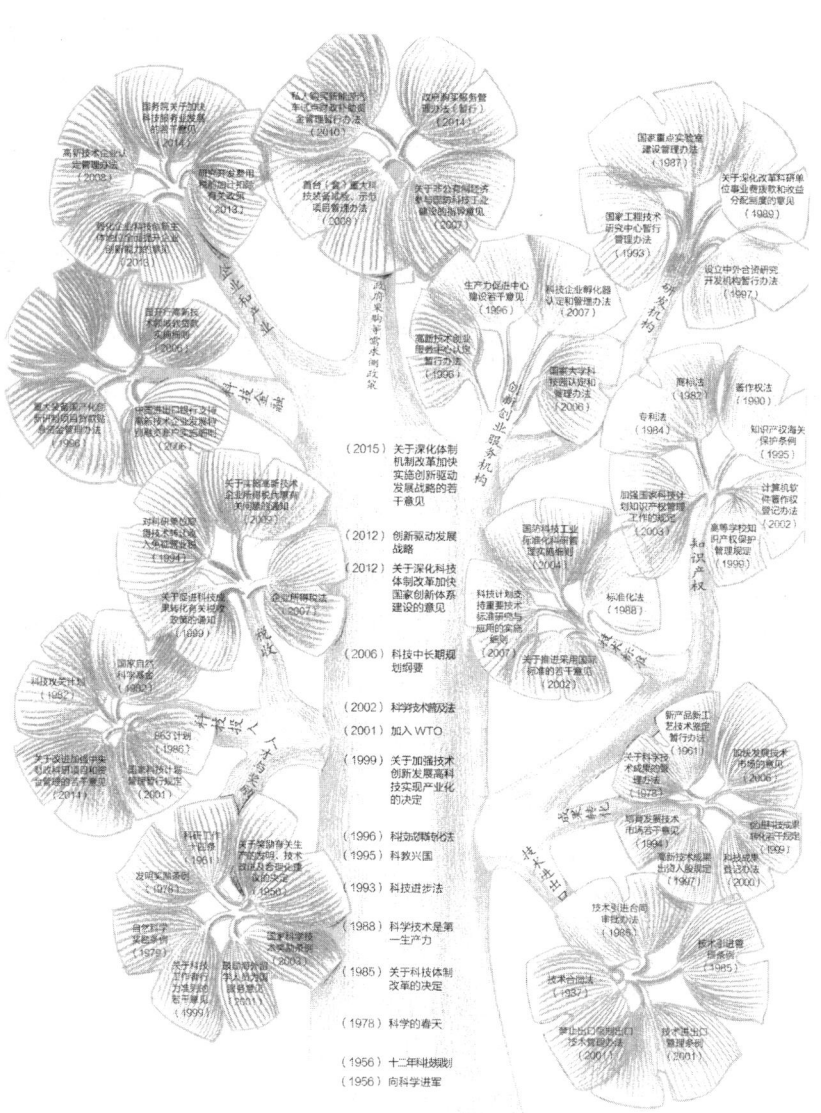

FROM ABSORPTION TO INNOVATION-DRIVEN
从"大胆吸收"到"创新驱动"

第十三章
科技与产业变革:需求侧政策的探索

从"大胆吸收"到"创新驱动"——中国科技政策的演化

2008年的国际金融危机,一般认为开始于2007年下半年,自美国次级房屋信贷危机爆发后,投资者开始对按揭证券的价值失去信心,引发流动性危机,导致金融危机的爆发。到2008年,这场金融危机开始失控,并导致多家相当大型的金融机构倒闭或被政府接管。随着金融危机的进一步发展,又演化成全球性的实体经济危机,过程发展之快,数量之大,影响之巨,可以说是人们始料不及的。

从另一个角度看,世界正处在知识爆炸的时代,新兴产业革命正孕育待发,在新一轮的竞争中,将重新确立各国竞争优势,世界经济格局及全球利益分配将重新调整,为后发国家实现赶超提供了难得的重大机遇。面对金融危机及其产生的后果,世界各国都采取了应对措施,这其中包括很多科技创新政策,中国在政策上也有突出的做法,特别是培育新产业、技术试点示范等方面。

新技术催生关于科技和产业变革的讨论

美国的杰里米·里夫金[①]写了一本《第三次工业革命》的书,在国际金融危机背景下,引得各界官员、政策研究者纷纷关注,并开展了热烈的讨论。国际金融危机发生后,世界经济增长持

---

① 美国华盛顿特区经济趋势基金会总裁,出版《生物技术的世纪》等一系列畅销书,这些书主要是对技术和经济进行方向性的分析评论,而非专业的学术研究。

第十三章 科技与产业变革：需求侧政策的探索

续低迷，欧美国家出现了长期的财政问题，债务危机不断，信用评级屡屡被降低。但是，这种低迷的甚至令人沮丧的经济形势只是冰山一角，在平静的海面下正涌动着技术和产业变革的激流。

随着信息通信技术、新材料、新能源等新技术的迅速发展和推广应用，人工智能、数字制造、工业机器人、增材制造、3D 打印等现代制造技术不断突破，市场逐步成熟，加之主要发达国家推出的一系列旨在通过发展先进制造技术复兴或加强其制造业的战略和政策安排，全球工业发展正发生着一场巨大的产业变革。这场产业变革以智能化、数字化、信息化技术的发展为基础，以先进制造技术突破为核心，以突破性产品创新、突破性制造技术和制造系统的应用为主要内容，以基于可重构生产系统的个性化制造和快速市场反应为特点，将从根本上解决传统制造系统下新产品开发周期、产能利用率、生产成本、产品质量、个性化需求等主要产业竞争要素之间的冲突，实现生产制造的综合优化和运营效率的大幅度提升。不但对当前产业发展，更对今后 20 年，甚至更长时期的经济发展产生重要影响。

与产业革命（Revolution）不同，产业变革（Evolution）更多地表现为渐进性、根本性、不可拟的产业迅速演进。如果以 3D 打印、新一代互联网、移动互联网、生物技术和新能源作为重点关注领域的话，那么，其核心特征就是工业化与信息化的深度融合。观察这一变革，有五方面的基本视角。

第一是新产业的出现，将导致原有产业发生根本性的结构变化。主要判断指标是产业规模，相关的指标包括产业规模的增长率、利润及增长率等,使得原有产业的产业结构发生变化。以风电和光伏产业来说,"十一五"期间,风电装机规模从2005年的1.26GW增长到2010年31GW,年均增长率89.8%。其中,2011年风电新增装机41GW;光伏新增2.2GW,增速234%。截至2011年,全球风电累计装机238GW,中国光伏累计装机2.97GW。不仅如此,从一次能源消耗量看,到2020年中国新能源占一次能源消费的比重应达到15%左右。

生物医药的快速崛起也在验证这样的观点。2009年,中国生物医药产业总销售收入达到了753亿元,这样的发展速度使其成为医药行业增长最为迅速的领域之一。与此同时,生物医药产业的利润增长率高达70%,这样的高发展速度和高利润增长率也促使着生物医药产业的飞速增长。

第二是新产品的出现,表现为主导产品的变化以及新材料对原有材料的替代。以新产品来说,近年最热门的莫过于智能手机,对整个手机行业的冲击巨大。据统计,世界上80%的人都有一部移动设备,其中,智能手机数量已达18亿部,每天有150万部智能手机被激活,现在美国有1/4的家庭取消了家庭座机,开始将手机作为唯一的通信工具。在中国,2012年第二季度中国手机市场整体出货量约为8600万部,同比增长率为10.4%。其中智能手机对比上一季度增长25.6%,占整体手机市场51.3%,已经超过功能手机。2013年2月,市场调查公司Kantar发布的最新数据表明,iPhone占中国智能手机市场份额达23.2%。可以说,正是iPod、iPad和iPhone的成功成就了苹果公司市值全球第一的霸主地位。早在2001年10月,苹果

第十三章 科技与产业变革：需求侧政策的探索

公司就发布了第一代 iPod，它的横空出世改变了整个音乐行业；2007 年，第一代 iPhone 的产生又改变了手机行业，借助移动互联网和 Android 系统的发展，全世界才可以享受智能手机带来的便利。

移动互联网的发展势头更加迅猛。CNNIC 发布的第 31 次《中国互联网络发展状况统计报告》显示，截至 2012 年 12 月底，中国网民规模达到 5.64 亿，其中手机网民 4.2 亿，网民中使用手机上网的比例也继续提升，由 69.3% 上升至 74.5%，其第一大上网终端的地位更加稳固。从产值规模上看，移动互联网的市场规模已从 2008 年的 120 亿增长到 2011 年 390 亿，增长了三倍。从 2011 年到 2016 年，互联网的流量每年以 78% 的平均增长速度增长。全球现在有 100 亿部互联网设备终端，全球移动数据流量将是 2010 年的 18 倍，到 2016 年，APP 应用下载的数量将达 440 亿次。根据摩根史丹利发布的报告预计，移动互联网市场的产业规模可以将会达到目前互联网产业规模的十倍。

除了新的产品能够引起产业的变化以外，一些全新的原材料同样能够带来巨大冲击。如石墨烯在晶体管、半导体产业已经开始替代原有的导电材料；在光伏发电领域，技术进步已经使得薄膜电池在成本和效率两个方面可以和晶硅电池媲美；瑞士电子与微技术中心（CSEM）巴西公司日前宣布的"塑料"太阳能电池技术，使得以有机聚合体替代单晶硅制造太阳能电池的技术进入商业开发阶段。

第三是产生了新的生产方式和生产流程。3D 打印最具有代表性，应用非常广泛，小到生活用品，大到军事产品，都可以应用 3D 打印技术。例如，耐克已经利用 3D 打印技术制造鞋钉，中国的运 20、歼 15 中也广泛应用 3D 打印技术，加快了产品推出速度，美国甚至已经开始研究利用 3D 打印技术制造运载火箭的零部件。可以说，3D 打印技术的出现改变了以往的生产方式，满足了快速响应市场的需求。

生产流程的改进也不容忽视。例如，比亚迪的生产流程再造，以"人＋夹具＝机械手"的理念设计出半自动化的生产线，但这种设计的初衷是基于人力成本的考虑，当时劳动力成本较低，以人替代机器人的做法可以节省大量成本，随着劳动力成本的上升，这样的生产线已经逐步退出，换成以机器人为主的全自动生产线。随着 3D 打印技术的发展和劳动力成本的进一步上升，未来制造业的模式还会发生变化。

第四是产生新的组织方式，如产业联盟和产业集群的大量涌现。产业联盟并不是最近才发展起来的，过去一直都有，如 TD 产业联盟、龙芯产业联盟就是在这样的背景下产生的。这里之所以将产业联盟也看作产业变革的一种标识，是因为相对以往，新的产业联盟大多是企业主导的。例如，美的、东芝和开利联合成立的空调变频技术联合研发中心，自主品牌汽车企业长安、吉利、北汽与罗地亚、帝斯曼和阿科玛成立的国际汽车轻量技术联盟，奇瑞重工、韩国大同工业株式会社成立的技术供应链战略联盟，以及 2012 年底新成立的中国 3D 打印技术产业联盟等。产业联盟的流行一方面是由于技术的复杂性在逐步提高，需要企业联合攻关；另一方面，也表明中国企业的开放与国际化程度的加深。此外，产业集群的数量增长较快。围绕下一代互联网，北京、无锡、呼和浩特、成都、哈尔滨、杭州等地都在打造千亿产值的物联网产业集群和云计算产业集群。集群的涌现促进了知识流动和技术外溢，有利于新技术的产生和产业的迅速发展。正因如此，产业联盟和产业集群才能作为产业变革的一种评价依据。

第五是新的商业模式，主要是来自于信息化带来的影响。这方面最明显的就是电子商务，2012年中国电子商务交易额达到7万亿元，网购交易额超过1.2万亿元。电子商务的影响力迅速提升，促使传统商业企业积极建立网上商城，利用网上和线下实行差异化竞争。近两年，随着移动互联网和智能终端的普及，基于移动互联网的广告活动更加流行，如微博、微信、APP等方式正逐步改变着主流营销渠道和手段。除此之外，传统制造业企业也更加注重客户体验，从单纯的提供产品，逐步向"产品＋服务＋融资＋工程"的一站式服务过渡。这样一些新的商业模式的出现也预示着产业的变革。

电子商务的发展则是对传统零售业的一种挑战。根据英国 Barclays Capital 的统计，2011年中国的电子商务产值达到了1210亿美元，相较2010年增长了66%。其中最大宗销售商品类别为服饰类，约占全国所有网络购物50%。然而，2012年4月30日华尔街日报指出，比中国电子商务领域增长更快的，似乎只剩下业内企业为争夺市场份额而烧钱所导致的亏损了。激烈的降价比拼和建立分销网络所需的高额成本吞噬了利润，如当当网2011年第四季度的毛利率为10.5%，而上年同期则为22.4%。可以说，竞争方式的变化、产业利润的变化都可能预示着产业正在悄悄改变。

科技和产业变革的政策影响

新的科技和产业变革带来了极其复杂、影响深远的多重挑战。

第一，产业发展模式的变化对劳动力、规模经济等传统经济模式带来了挑战，中国作为"世界工厂"的战略选择变得十分重要。数字化制造等对劳动力需求产生了很多新的要求，劳动力成本在企业竞争力要素中的重要性有所下降。从能源生产和利用角度来讲，能源都是分散的，每一个人既是能源的消费者又是能源的提供者。虽然有些产品仍然需要大规模生产，规模经济还是主要竞争力所在，但是越来越多的柔性制造对市场的快速反应能力和个性化服务显得更加重要。

第二，如何通过战略布局，完善和创新组织方式，取得核心关键技术的群体性突破，建立独立自主的技术链和产业链，实现产业的快速发展。在新一轮的科技革命和产业变革中，世界主要国家可能处在相距不远的起跑线上，如果抓不住这次机会，在新一轮的产业分工版图中，中国可能将再次被边缘化。

第三，对中国下一步的改革提出了新的要求。新的科技革命和产业变革带来的不是单一的创新和产业政策的调整，而是一个系统性的变革问题，这种系统性变革要求顶层设计和系统性规划，这对我们是最大的挑战。我们必须充分发挥政府和市场的双重作用，特别是市场的作用，来实现有竞争力的技术和产业发展。

第十三章 科技与产业变革：需求侧政策的探索

此次产业变革将对中国产生深远且历时长久的影响，对此一些代表性的政策也应运而生。

第一，突破性制造技术和制造系统的应用将会使得制造业生产成本下降，进而使中国要素成本的比较优势下降。这对高素质劳动者和创新性人才提出更高的需求，并倒逼中国的创新型人才培养机制进一步完善。

工业机器人、3D打印技术及其他新兴技术的成熟在未来将会大幅降低制造业的生产成本，例如，在传统的减材制造工艺下，超声设备中超声探头的制造需要长时间的切割和打磨，这使得超声探头成为超声设备中最昂贵、劳动最密集的部件，而最近GE通过运用新型添加制造工艺（3D打印技术）一次"打印"成形超声探头，使其成本大幅度下降。改革开放以来，中国制造业的迅速崛起，主要依赖于比其他国家更低的工人工资、更廉价的土地等自然资源以及更高的环境污染容忍度形成的综合比较成本优势。突破性制造技术和制造系统的应用使得对劳动力的需求大为减少，且中国劳动力、土地和环境等要素成本已进入加速上升阶段，由此将会导致中国的低端要素比较成本优势加速削弱。相反，发达国家固有的技术、人才等高端要素的比较优势则得以强化。因此，在产业变革的背景下，国家间比较优势格局的变化将使中国制造业转型升级面临更大的竞争压力。

例如，劳动力所占比例下降，劳动力需求减少可能削弱中国制造业的竞争力，这对中国未来的就业形势将产生深远的影响。首先，生产成本下降使得劳动力成本将变得越来越不重要，而生产模式的变化使得离岸生产越来越多地返回了富裕的国家。波士顿咨询集团认为，在交通、计算机、合成金属和机械等领域，到2020年美国从中国进口的10%～30%的商品将实现本土生产。可以预见未来中国的出口将会下降，外需的萎缩带来的冲击会对就业市场造成影响。其次，产业变革将大幅度提高中国制造业的劳动生产率，对劳动力的需求将会减少。富士康董事长郭台铭2012年初曾表示，未来3年内富士康将新增100万台机器人，以完成简单重复的工作，提高劳动生产率；中国光伏行业排名靠前的上市公司保定英利、苏州阿特斯、江阴浚鑫、中电电气等将全部引进机器人生产线作为一种能够提高生产力和生产效率，同时节省成本、保证产品质量的方法。产业变革对中国就业形式的影响已经开始显现：富士康科技集团于2013年2月宣布在全国范围内暂缓招工，虽公司宣称是因为春节后工人返工率高，但考虑到其子公司全球最大的手机代工生产商富士康国际，在2012年因部分大客户订单疲软而出现巨额净亏损3.164亿美元，此次暂缓招工很可能与产业变革引起的外需萎缩密切相关。

美国在新建制造创新研究院的过程中，在1000所美国大学配备3D打印设备，其目标是培养新一代系统设计师和生产创新者。这是美国看到了3D打印技术对未来产业、经济发展将产生的重大影响而采取的举措。而在产业变革中，中国教育面临着严峻形势，培养大量高素质的劳动者和创新型人才，涉及教育的诸多方面，如体制僵化、培养模式单一、教学内容滞后等。产业变革将倒逼中国教育体制做出改变，建立能够应对产业变革的创新型人才培养机制。

第十三章 科技与产业变革：需求侧政策的探索

第二，制造业的生产组织模式由"集中生产、全球销售"变为"分散生产、就地销售"，进而迫使中国制造业在全球产业分工中升级。

目前，经济全球化采取的是"集中生产、全球销售"的生产组织模式，例如罗技苏州工厂是全球最大的鼠标和摄像头生产基地。此次产业变革将有可能从根本上改变这种经济全球化模式：机器人的采用将阻止制造业继续从发达国家迁往发展中国家，并使相当一部分制造业逐步回流发达国家；分散式和社会化生产方式将使"分散生产、就地销售"成为大国区域贸易和国际贸易的新模式。对中国来说，产业变革将从根本上扭转制造业集中在沿海地区的不合理分工格局，有助于推进中西部地区的"就地工业化"。未来中国产业转移将有三个趋势：一部分产业将由东南沿海向中西部地区转移，一部分产业将从国内转向其他发展中国家，还有一部分产业将向发达国家回流。

第三，数字制造将全面替代现有的新产品开发模式，电子商务进一步冲击实体店。

数字制造与产品设计和产品制造融合渗透，促进工业生产朝着全数字化制造的方向发展。目前，美国最大的50家制造业企业已经全部应用了高效能运算技术，福特汽车公司使高效能运算和计算机辅助工程成为产品开发过程中的基础性技术驱动力，卡特彼勒利用计算机辅助设计技术将重型推土机的设计周期从原来的6~9个月缩短至不到1个月。工厂的"数字化"与"批量定制"将使制造业向服务业转型。信息通信技术对媒体、零售行业产生了巨大影响，网络媒体对纸媒造成了巨大的冲击，

2009年前8个月美国共有105家报纸倒闭,在金融危机的影响下,网络媒体对纸媒的冲击使其难以为继。网络购物也对传统零售行业带来了巨大的影响:2012年11月11日淘宝网"双11"网购狂欢节,创造191亿元的支付宝交易额,最高峰时处理交易数达20.5万笔/分钟。面对京东商城的步步紧逼,苏宁和国美两家家电零售巨头也都纷纷建立了自己的网络销售平台,并与京东展开了价格大战。

发展改革委、商务部、中国人民银行等部门发布《关于开展国家电子商务示范城市创建工作的指导意见》,加快推进资源整合,深化"三网融合""两化融合"等试点工作,促进第三代移动通信网络、物联网、云计算、移动互联网、下一代互联网等高新技术的应用。

第四,更大、更根本的技术和产业路径选择风险将加速科技管理到创新管理的转变。

新兴产业的主导范式尚未确定,多条技术路径正在激烈的竞争,这种竞争是机会,同时也蕴含着很高的风险。最典型的例子就是光伏产业,目前的主流技术多晶硅太阳能电池很有可能被薄膜电池和聚合光伏技术所替代。瑞士电子与微技术中心(CSEM)巴西公司已经宣布,其在聚合太阳能电池研究上获得突破,以有机聚合体替代单晶硅制造太阳能电池的技术已进入商业开发阶段。聚合太阳能电池具有轻巧、廉价的显著特点,并且生产过程中污染较小。如果这种技术路径的变革真的发生,将会对中国光伏产业造成极大的冲击,就像在液晶电视与等离子电视的路线之争中的选择错误使得中国电视产业再次被国外厂商主导一样。在此背景下,政府的科技投资将从关注科研成果的产出,向更加关注技术成果商业化与市场竞争力的方向转变。

2012年3月9日美国总统奥巴马宣布了重振美国制造业计划,提出要建立15个制造创新研究院,增材制造/3D打印技术被确定为首个制造创新研究院的主攻方向,并成立了国家增材制造研究院。结合已有材料和其网络公开信息,这些研究院想集成三重角色:实体化的联盟、ppp模式下的基金、网络化的工程中心。依托美国的非营利机构(NPO)等建立的组织,目前主要承担前两种角色,整个研究所(含会员)也包括了第三种角色。这反映了技术和产业变动下美国民主党政府的态度和行动取向。但这些研究所所能供给的,不一定是美国重返制造业最缺乏的要素,其发展前景确实难以简单判断。不过这些做法对中国的计划改革、创新联盟、非营利机构等都有些启发。

第五,生态环境因素将成为产业选择中不可或缺的因素。

此次产业变革将使得制造业进一步向环境友好的方面发展。一方面,可再生能源和网络技术的结合将会替代传统的化石能源,大幅度降低碳排放。将世界上每一栋建筑都转化为微型发电厂,实现能源的自产自销;发展和应用氢能等存储技术,使每栋建筑成为剩余能源的储备设施;利用网络技术,建立能源互联网,使所有的微型发电厂通过网络买卖和共享剩余能源;普及电动燃料电池汽车,使其通过全球电网充电或者出售剩余的电量,随着可再生能源技术和网络技术的发展这些都将成为现实。另一方面,"分散生产、就地销售"成为大国区域贸易和国际贸易的新模式，从而大幅度降低碳排放。目前大量食品和制成品从遥远的发展中国家运销到发达国家，在这种长距离运输中产生了大量的碳排放，造成了巨大的环境和能源压力，此次产业变革将有可能从根本上改变这种经济全球化模式。

2013年《国务院关于印发大气污染防治计划行动的通知》规定，公交、环卫等行业和政府机关要率先使用新能源汽车，采取直接上牌、财政补贴等措施鼓励个人购买。北京、上海、广州等城市每年新增或更新的公交车中新能源和清洁燃料车的比例达到60%以上。

第六，产业发展将与城镇发展高度融合，用户参与成为新兴产业重要特征。

一方面，为应对全球气候变化，各国提出低碳城市、智慧城市建设，对新能源、物联网、新一代信息技术等领域产生持续性的需求。中国的城镇化发展、生态文明建设对这些新兴技术和产品提出了明确的要求。另一方面，与传统产业相比，新能源和节能减排等新兴产业在组织方式上具有不同的特点。新能源工程建设和生产过程中，消费方已经深度参与，需要在工程设计、投资、建设的初期就和最终用户开展合作。

在应对国际金融危机带来的诸多挑战中，科技创新被赋予更大的责任，要求更好地发挥促进经济发展的作用，切实为保增长服务。近年来，科技创新已经成为不少地区经济增长的"助推器"，支撑和引领经济社会发展的能力明显增强。例如，为鼓励科技人员支持企业，2009年出台了《关于做好支持科技人员服务企业工作的通知》。但是，一些地方还长期存在科研与生产脱节的现象，很多科研单位在考核中重视论文数量，而不重视科研成果是否转化为现实生产力，大量科技创新以论文、奖状的形式停留在纸上，甚至有人不惜通过造假、盗用他人研究结果等方式搞"创新"。落后的评价体制滋生了学术造假和学术腐败，严重影响了科技成果服务于经济增长。

战略性新兴产业

国际金融危机以来，全球经济仍处于深度调整之中，新一轮科技革命和产业变革正在孕育兴起，全球科技创新呈现出新的发展态势和特征，新技术替代旧技术、智能型技术替代劳动密集型技术趋势日益明显。产业技术创新空前活跃，互联网、人工智能、3D打印、新型材料等多点突破和融合互动，激发新产业、新业态、新模式层出不穷。这些变化与发展正在改变现有的产业格局和竞争模式，引发制造方式、组织结构和商业模式等的重大变革，对产业创新提出了新的要求。产业和技术变革也为中小企业发展提供了新的市场空间，民间资本不断活跃，互联网金融等新型业态的出现，在一定程度上进一步降低了科技型中小企业的门槛，使真正关心创意、愿意投资创新的人们可以突破时间和空间的限制，更加便捷迅速地汇聚互动，激励创新的社会因子被进一步挖掘和激活。

同时，伴随着全球化和信息化交汇，创新组织专业化、创新服务网络化、创新资源全球化、创新活动协同化日益明显。全球产业链和价值链的分工格局不断演化，企业、大学、科研机构等创新主体之间的跨国互动更加频繁，各种跨国、跨区域产业技术创新联盟和新型研发组织不断涌现，国际合作平台更具多样性、长效性和包容性，创新资源的全球流动与配置已成为常态。加强各类主体创新能力，促进主体之间的协同创新，形成有利于人才、资本、技术高效流动的创新环境，日益成为各国创新战略的焦点。

面对日益激烈、迅速变化的全球竞争，面对全球前沿技术进步及产业格局变革的重要机遇期，需要中国的科技创新政策设计更多着眼全球视野，主动从全球科技发展和产业竞争视角进行国家创新体系建设布局，大幅度提升聚集和调动优质全球创新资源的能力，加快消除不适应创新的体制机制障碍，以制度和组织的新调整形成适应产业变革的创新机制，以积极的态度和有效的策略参与国际分工和竞争，也需要将国际科技活动与经济、贸易活动结合起来，以便在全球创新资源配置中掌握主动权，深度融入全球创新网络。

在与科技和产业变革相关的政策中，最典型的当属对战略性新兴产业的培育。这个时期，战略性新兴产业被寄望成为承担经济转型的重要抓手。2009年年底，战略性新兴产业领域确定工作启动，当时初步确定的领域包括"新能源、节能环保、电动汽车、新材料、新医药、生物育种和信息产业"七大产业。2010年4月初，战略性新兴产业总体思路研究部际协调小组成员部委开始了全国调研，该小组由国家发展改革委和科技部、工信部、财政部等20个部门组成，战略性新兴产业规划文件起草组也相应成立。2010年9月8日国务院通过《关于加快培育和发展战略性新兴产业的决定》，2012年5月30日，时任国务院总理温家宝主持召开常务会议，讨论通过了《"十二五"国家战略性新兴产业发展规划》，提出了节能环保、新一代信息技术、生物、高端装备制造、新能源、新材料以及新能源汽车七大战略性新兴产业的重点发展方向和主要任务，并提出了20项工程，标志着战略性新兴产业框架已成定局。

各地方围绕战略性新兴产业也纷纷动作起来，通过加强规划布局、实施重大项目、构建创新平台、加大人才引进等方式，积极培育和推动了战略性新兴产业发展。在国际金融危机爆发之前，江苏省就启动实施高新技术产业"双倍增"计划，提出用5年时间使全省高新技术产业产值突破1万亿元，金融危机后又进一步制定了6大新兴产业的发展规划；四川省研究编制了《"十二五"四川省战略性新兴产业发展规划思路》，新材料、新能源、新一代信息技术、生物医药、节能环保、航空航天和新能源汽车7个产业也基本完成产业发展规划的编制工作；天津市制定《"十二五"战略性新兴产业发展规划》，从自主创新和产业发展的重点领域、科技创新体系布局、产业化基地建设、人才队伍建设、体制机制创新等方面明确目标和任务，制定相关政策；广东省制定了《广东省战略性新兴产业发展"十二五"规划》，并编制高端新型电子信息、节能环保、新材料、航天航空、太阳能光伏和云计算等战略性新兴产业专项规划；湖南省出台了《关于加快培育发展战略性新兴产业的决定》《湖南省加快培育发展战略性新兴产业总体规划纲要》《湖南省加快培育发展战略性新兴产业专项规划》等系列文件，提出了"753"实施战略，围绕7大战略性新兴产业,实施5大基础工程,打造3大支撑平台,高起点规划、逐环节引导、全过程推进。

在加大直接支持力度的同时,各地也对机制的改进和创新给予了很高的重视,围绕研发、成果转化、市场化等环节,研究制定各类激励政策,营造有利于创新创业的氛围。

一是创新研发合作模式,从全产业链的角度提高竞争力。各地纷纷引导组织企业间、企业与高校院所间组成技术创新战略联盟,对共性关键技术进行联合攻关。四川省组织了"十大重点产业链工程",推动产业优势资源优化配置,提升产业链整体竞争力;北京市建立了重大科技成果转化和产业项目资金的统筹机制,2010—2014年5年内拟安排300亿元作为统筹资金,通过政府股权投资等方式支持国家科技重大专项、重大科技基础设施和科技成果产业化项目,并带动战略投资者、创业投资机构等社会资本投入。

二是促进科技与金融结合,构建多元化、多渠道的科技投融资体系。天津市构建科技融资平台,与商业银行建立联动投入机制,由银行为列入市级科技计划支持的科技型中小企业提供无抵押、无担保小额贷款。上海市设立30亿元规模的创业投资引导基金,重点扶持集成电路、生物医药等5个领域。

三是加大科技人员创新创业支持力度。江苏、湖南等地实行"两个70%"政策,科技成果作价入股最高比例可达公司注册资本的70%,成果持有单位最高可以从技术转让所得的净收入中提取70%来奖励科技成果完成人。浙江省为鼓励非货币出资,在企业工商注册时规定,非货币出资最高可占注册资本的

70%；战略性新兴产业企业增加注册资本的，无须限制增资部分非货币出资比例；放宽了战略性新兴产业企业在注册名称上的限制，"物联网""产业链""服务外包""创意设计"等各种行业新名词，只要能准确体现行业特点和企业实际经营状况，都可能出现在企业招牌上。

在加快产业培育的同时，各地也纷纷意识到战略性新兴产业是知识密集型产业，存在着强烈的人才资源依赖性，需要强有力、系统性的人才培养和引进机制予以支持。早在2008年，广东省就出台了《关于加快吸引培养高层次人才的意见》，对引进世界一流水平的创新科研团队，省财政给予8000万元至1亿元的专项工作经费；深圳市对纳入"孔雀计划"的海外高层次人才，可享受80万至150万元的奖励补贴，并享受居留和出入境等方面的待遇优惠政策，对于引进的世界一流团队给予最高8000万元的专项资助，并在创业启动、项目研发、政策配套、成果转化、住房保障等方面支持海外高层次人才创新创业。

区域示范

通过区域性的政策开展先行先试，是中国在政策实践中一条非常有益的经验，在科技政策领域也是如此。这些区域，可能是一个园区、一个城市、一个省份，比如第五章讲到的各类开发区和科技园区，也可能依托某一项活动，比如奥运会、世博会。对科技政策而言，开展先行先试的角色在很多时候由国家高新技术产业开发区扮演,后来则是国家自主创新示范区。

除了国家、所在地政府出台的创新政策,这些区域也具有自身的政策特点,主要包括政策的优先性、独有性、示范性、专业性和很强的操作性。从政策类型上看,创新集群的政策包括产业(企业)准入、研发资助、成果转化、创业服务等方面。与前文所述的围绕各类创新主体的政策相比,在创新集群中,科技政策、产业政策、财税政策等结合得最为紧密,表现出相对更加完整的创新政策体系,如中关村国家自主创新示范区"6+1"政策和"新四条"等政策。

中关村"6+1"政策分别是:①科技成果处置和收益权改革;②股权激励个人所得税政策;③中央单位的股权激励试点;④科研经费分配管理体制的改革;⑤高新技术企业认定试点;⑥场外交易市场的建设。"1"为首都创新资源平台。

2013年,财政部联合科技部、国家税务总局等部委发布了等四条新政策,分别是:科技部、财政部、国家税务总局联合发布的《关于在中关村国家自主创新示范区开展高新技术企业认定中文化产业支撑技术等领域范围试点的通知》,财政部、国家税务总局联合发布的《关于中关村国家自主创新示范区有限合伙制创业投资企业法人合伙人企业所得税试点政策的通知》《关于中关村国家自主创新示范区技术转让企业所得税试点政策的通知》《关于中关村国家自主创新示范区企业转增股本个人所得税试点政策的通知》。

财政部、科技部发布《关于开展节能与新能源汽车示范推广试点工作的通知》,在北京、上海、重庆等13个城市开展节能与新能源汽车示范推广试点工作，以财政政策鼓励在公交、出租、公务、环卫和邮政等公共服务领域率先推广使用节能与新能源汽车，对推广使用单位购买节能与新能源汽车给予补助。

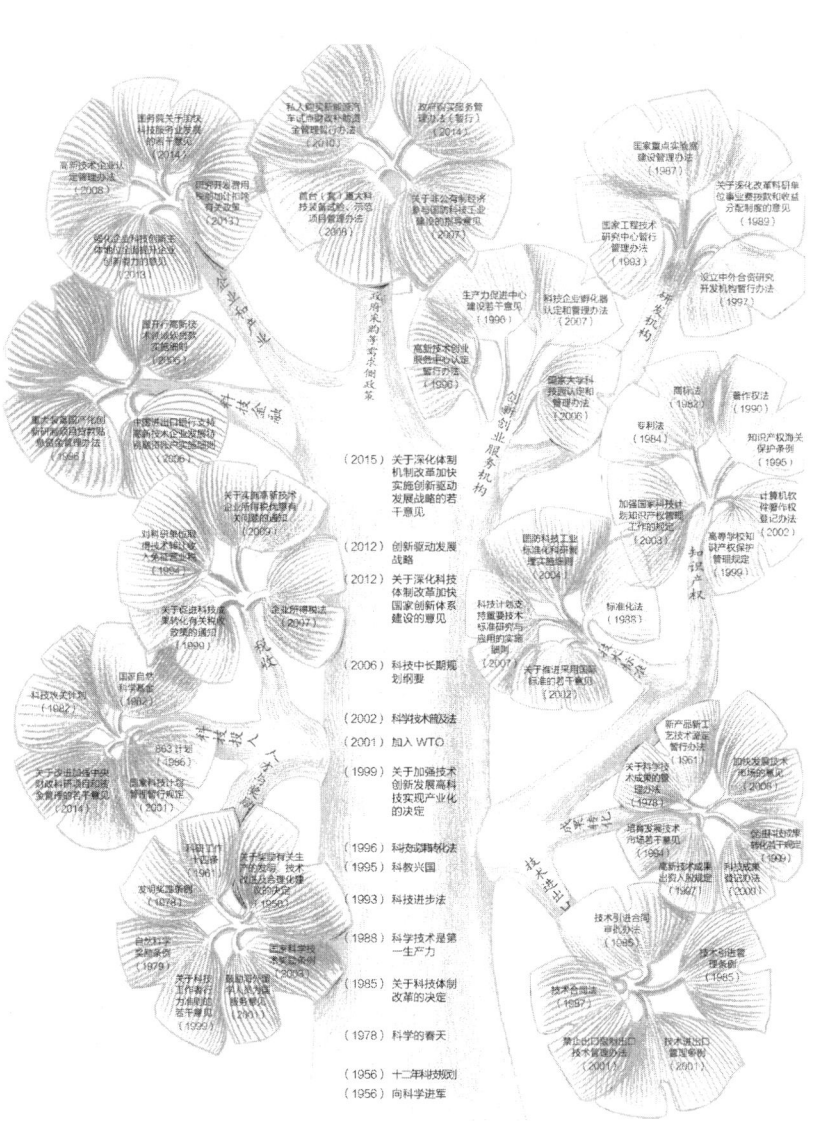

FROM ABSORPTION TO INNOVATION-DRIVEN
从"大胆吸收"到"创新驱动"

第十四章
科技全球化：越来越大的政策国际影响

改革开放以来，中国进行了大规模的投资和国际技术引进，使得这些资本投入中蕴含着发达国家大量的先进技术，这种蕴含技术进步的资本投入对经济增长具有明显的促进作用。作为经济快速增长的后发国家，在经济的起飞和追赶阶段，需要通过技术引进对国外先进技术模仿、消化、吸收和再创新，最终实现本国技术研发和自主创新，很多发达国家如美国、德国、日本等都经历了这个阶段。此后，全球化使得中国企业成为国际工业体系中不可或缺的参与者，使中国产品有了巨大的国际市场。从这个角度看，中国在全球化方面受益匪浅，甚至有观点曾认为，在生产分工全球化的新世界，中国不需要像人们普遍认为的那样，通过突破性的创新来取得成功。实际上，中国的发展基于其保持与科技进步同步，跟随科技创新[61]1。但近年来，无论是从科技、经济活动，还是从国际评价的角度，中国的科技创新都有了新的变化。

无论是从理论还是从政策应用角度，国际化与科技政策的关系都应该贯穿本书的始终。毕竟，中国近几十年的科技政策都具有浓重的国际背景，这也是本书的标题为从"大胆吸收"到"创新驱动"的原因。但是，为了突出这些年来国际因素对中国科技政策的影响，以及其所独有的时代特点，本书还是单独列出了一部分。

国际影响增长

2013年，英国国家科技艺术基金会（Nesta）发布了一项关于中国科学研究和创新的报告,题目叫作《中国的吸收发展期——研究、创新和中英合作前景》。这篇报告基于大量公开的报告和资讯,提供了从国外观察中国创新活动的视角。总的来看,这篇报告对中国近年来的创新活动持积极态度,比如对集成创新的理解,"越来越擅长吸引全球知识和网络并从中获益……""'山寨'这种制造方式曾经被认为只是低端模仿,但随着这些山寨公司开始研发扰乱性产品,这种创新方法作为一种独特的增值方式引起了全球关注"。

报告中有些值得关注的亮点,例如,基于世界知识产权组织的数据分析,中国的专利申请数从 2000 年左右开始出现指数增长的状态,2003 年左右超过了欧洲和韩国,2010 年前后分别超过了日本和美国。报告也谈及了中国在创新方面的潜在风险,如对知识产权的保护,并且这种风险并不只对外国的知识产权拥有者和在华投资者,90% 的专利申请者来自中国国内。报告注意到了这一点,认为像曾经的美国、日本一样,中国出于保障自身利益的考虑,会更加完善知识产权保护体系。因此,对于与中国有合作意向的外国机构来说,这种合作最大的风险并非来自知识产权等方面,而恰恰是由于担心风险,而丧失了与这样一个正在快速发展、具有庞大既有市场且能够为不同类型创新提供机会的国家进行合作的机会,这才是最大的风险。

2015 年,德国墨卡托基金会[①]中国研究中心发表报告,认为

---

① 墨卡托基金会是德国最大的私人基金会,2013年成立中国研究中心,目的是通过独立研究向德国展示一个多元的中国形象,以便让德国更好地与"世界第二大经济体"打交道,赢得未来。

中国的创新战略取得明显成果，在信息、医疗、生物技术等领域进展迅速，不少企业已成为西方企业有力的竞争者和具有吸引力的合作伙伴。这个报告也认为中国创新还有很长的路要走，在科研规划、教育科研体系、市场环境等方面需要做出适当调整。

同年4月，世界经济论坛（达沃斯）最新发布报告《中国企业全球化最佳实践：制定创新模式》，报告称中国企业已将培养创新能力、建立可持续的全球化发展路径作为其在海外拓展的核心战略。领先的中国全球化企业已不再单纯地以进入海外市场以及获得海外资源为目标，而是注重将创新从产品与技术延伸至服务、商业模式等全方位海外运营领域，进而保持企业在国际市场上可持续的竞争优势。

同年7月，美国麦肯锡全球研究院(MGI)的报告《中国创新的全球效应》中，认为中国已具备成为全球创新领导者的潜力。报告认为，在研发投入、专利申请、科学和工程专业博士的培养等方面，中国已成为全球的创新领袖。中国能否应对经济转型所带来的挑战，创新是关键所在。报告通过对2万多家上市公司进行分析后，将各行业的创新分为科学研究型创新、工程技术型创新、客户中心型创新和效率驱动型创新四种类型。中国企业在客户中心型创新和效率驱动型创新的领域优势最大，而在依靠科学研究和工程技术创新的行业差距最大。

2015年9月，世界知识产权组织（WIPO）发布的《全球创新指数2015》，对中国的创新情况进行了分析，认为中国的创新能力提升很快，在141个经济体中总体排第29位，较2012年上升了5位。其中，创新产出指数位居第21位，技术产出和高技术产品出口比重分别高居第3位和第1位。报告也认为，创新体制机制的短板和软肋仍然明显。这种观点，一方面是由于制度数据多基于问卷调查采集，含被访者的主观意志；另一方面，也简单混淆了因果关系，"硬指标"提高恰恰是得益于"软环境"的不断改善。从改革开放的历史来看，正是持续不断的解放思想和体制改革，才使得中国各界对科技的重视程度大幅提高，并采取了加大科技投入，发展高新技术企业、高技术产业、科技园区等措施，使中国创新的"硬指标"得以快速提高。

也是在这一年8月，观察者网的一篇文章《中国科技实力正以多快的加速度逼近美国》受到广泛关注。这个文章综合了论文、专利等指标，工业技术水平以及历史发展比较等因素，认为外界已经把中国作为现实的而非潜在的科技大国来重视了，这是历史性的进步。

这些来自国外的评价，大体上来自三个方面，一是国际组织的定期出版物，二是国外智库或研究机构的专题研究，三是一些重要媒体的专访或专题报道。在方法上分为两类，一是基于统计数据或调查的定量分析，以世界知识产权组织、世界经济论坛、经济合作与发展组织等国际组织和麦肯锡公司、兰德公司、德国墨卡托中心等国外智库为主；二是基于经验认识的定性分析，这以各类媒体报道为主。

从评价内容看，普遍认为中国的优势在于科技投入和产出的规模，面向客户和市场创新，以及对知识和技术的卓越吸收集成能力。从技术和产业看，这些优势体现在移动通信、高速铁路、太阳能等领域。这些评论也认为，中国创新的劣势在于质量低，面向科学和工程的创新不强，市场环境还不能使创新得到合理回报等方面。

从评价结果来看，定量的评价基本与一般的认识偏差不大，且对中国科技创新的国际地位，大多低于中国相关机构的评价结果。但定性的评价则大大优于定量评价，几乎把中国描绘成了一个科技强国。

如何看待这些评论，是未来越来越多要面对的话题。整体上看，国外各类机构都认为中国很好地利用了市场来获取和吸收各方面已有的成果和经验，并不遗余力地加大科研投入，展示出巨大的创新潜力。这也从侧面反映出，自新中国成立以来持续的技术引进，自改革开放以来的大胆吸收，都是结合中国发展基础和阶段做出的合理选择，甚至是最优选择。

当然，这些评价中，也存在着少量夸张甚至"捧杀"的成分。一些评论的指向，实际上是为了影响本国政府和团体，或者为某些战略意图造势。因此，对评论中的合理成分，需要充分的反思、吸收、利用；对于不合理的成分，也需要进行必要的澄清。无论怎样，这些评论提供了更多新的坐标，来审视中国科技创新的发展，洞察科技经济竞争背后的逻辑。

科技"中心东移"与"投资西进"

1997年9月10日，国家科委发布《关于设立中外合资研究开发机构、中外合作研究开发机构的暂行办法》。《办法》制定的依据是《中华人民共和国科学技术进步法》第三十六条。《办法》

第三条规定，中外合资研究开发机构是指中外双方依据合资协议，共同投入资金、设备和科技资源创办的研究开发机构。中外合资研究开发机构，外方的出资额不得低于出资总额的25%。中外合资研究开发机构具备事业单位法人资格。第四条规定，中外合作研究开发机构是指中外双方依照合同，合作建立的研究开发机构。中外合作研究开发机构不具备法人资格。

吸引和有效利用外商直接投资（FDI），是改革开放以来中国经济发展的重要经验之一。多年来，中国不断探索鼓励外资的各类政策，优化投资环境，在利用外资规模和质量方面都取得良好进展。外商直接投资在弥补高技术产业资金缺口的同时，还带来了先进的技术和管理经验，弥补了资本和技术方面的缺陷。值得注意的是，一些负面影响已经制约了中国高技术产业综合竞争力的提高。由于无法有针对性地获取外商直接投资的溢出效益，内资企业主要从事非核心技术的加工环节，技术含量与附加值较低，最终必然被锁定在全球价值链的低端位置。在1995—2011年的17年里，随着港澳台FDI的增加，内资企业的利润率呈下降态势[64]。1996—1998年，这些企业的利润率还能保持在14%左右，2008年之后逐步下降到10%以下。

2012年以来，一些学者对科技资源的全球布局做了专门的研究，并得出了一些有趣且非常重要的结论。例如，国际研发中心出现向东移的倾向，越来越多的跨国公司将在中国的研发中心作为其亚太研发总部，有些甚至升级为全球技术研发中心，如通用电气、埃克森美孚、英特尔等。据2012年巴特尔研发杂志调查显示，美国企业研发中心在亚洲的数量占其全部数量的

31%，其中 16% 在中国。

根据 2012 年对国家 88 家高新区 9223 家"三资"企业的最新调查显示，在高新区设立的科技机构数量为 2090 家。世界 500 强企业在中关村设立了近 200 家分支机构，其中研发机构有近百家[65]。

这种研发中心的区域性变化，体现了经济重心变化的影响，是随着中国在经济规模上取得成效的延续性体现。同时，中国各类有利于创新和投资的政策，也成为吸引外国企业在华设立研发中心的不可忽视的因素。

与此同时，也产生了新的趋势，越来越多的中国企业开始把眼光投向欧美，通过在外建立研发中心、投资并购、开展科研合作等方式直接或间接获得技术源。初步调查，仅在欧洲就有几十家中国企业建立了研发中心，它们当中有华为、中兴等[66]。

欧洲是中国企业海外投资的重要目的地，也是中国企业在海外建立研发机构的重要地区。根据商务部、国家统计局、国家外汇管理局《2013 年度中国对外直接投资统计公报》，2013 年中国对欧洲投资流量为 59.5 亿美元。据不完全统计，已有数十家企业在欧洲建立了研发机构。从公开资料中搜集整理了 44 家企业在欧洲建立研发机构的信息，可以发现，德国是中国企业在欧洲建立研发机构数量最多的国家。由于德国在人员、技术方面的优势，很多企业将德国作为在欧洲开展科技合作的第一站。研发活动集中于制造业、信息产业和科技服务业，国有企业建立的研发机构占半数以上，建立方式以自主投资建设为主。研发活动具有欧洲本土化特点，华为在德国慕尼黑的研发机构拥有外籍研发人员 300 多人，研发团队的本地化率达到 80% 以上。中兴通讯与德国德累斯顿工业大学合作建立研发中心，组建了由科技专家、学者、在校研究生等构成的研发实验室团队，并承诺雇佣德累斯顿工业大学的毕业生。

但是，在欧洲建立研发机构的过程中会遇到一些问题，非常重要的一点就是，对投资国法律制度的理解和把握不够。根据部分企业反映，德国、捷克等国当地法律对技术合作、技术转移有严格的限制。即使双方在合作协议中进行了约定，在后期执行中，对方仍可以法律为由限制甚至规避原有的约定。因此，企业在法律、知识产权、技术预警等方面面临着巨大的风险。

民营企业也开展了大量的境外投资。据商务部统计，截至 2015 年 6 月底，中国在境外投资的民营企业约 25155 家（不包括在中国香港地区投资的企业），占境外投资企业总数的 83.4%。其中，在"一带一路"沿线 64 个国家进行投资的民营企业 10377 家，占中国企业在"一带一路"国家投资企业总数的 88.9%。民营企业中有大量中小企业，参与国际合作的经验不足，需要政策引导与扶持，特别要通过科技创新服务促进合作。例如，扩大科技领域对外合作和援助，为发展中国家提供更多的科技政策、规划、管理等方面的咨询培训。又如，建立完善同"一带一路"主要国家创新对话机制，积极吸收企业参与，在研发合作、技术标准、知识产权、跨国并购等方面为企业搭建对话平台。再如，通过科研项目合作、共建研发平台、共建科技园区等方式，发挥科技合作对当地产业体系建设、金融合作平台建设的带动作用。

这种变化的政策需求表现在，一方面，要把科技创新环境作为吸引外资政策的一个重要条件，使外资企业能够有更好的条件使用中国的各类创新资源；另一方面，要促成更多的民间自主开展国际合作的机制。

回流、转移与新政策优势

2012年初以来，制造业领域外商直接投资（FDI）的变化受到了广泛关注，一些观点将其称为"回流"[①]。后来，关于回流的报道又成为各界关注的热点。这种现象预示着全球制造业竞争格局和产业分工的结构性变化，以及因其不确定性造成的舆论影响。

当时，国内外各类媒体、学者对制造业投资回流的看法差异较大，主要有以下三种观点：

观点1：回流趋势将会加强。中国《21世纪经济报道》认为，美国制造业回落的趋势是确凿的，尽管回流强度还未达到一个值得重视的水平，但这个趋势将会不断加强。美国"再工业化"战略正在生效，比较优势正在回升，实体经济正显示振兴迹象。美国波士顿咨询研究认为，随着"美国制造"的成本优势日益显现，今后五年间，美国将新增200万至300万个工作岗位。"美国制造"已是一项经济上的考虑，越来越多的美国企业意识到，

---

① 近期部分领域发生了外商投资向本土转移的现象，涉及信息技术、交通运输、通信设备、日化用品、汽车零组件、家具、服装、玩具、化学品等多个行业。涉及地区也较为集中，主要分布在长三角、珠三角地区。

"美国制造"其实更为经济实惠。

观点2：回流难成趋势。美国哈佛大学经济学家卡茨，纽约大学教授、诺贝尔经济学奖获得者迈克尔·斯宾塞，伦敦政治经济学院经济史学家提姆·罗尼格等认为，制造业就业岗位将大增的想法完全不可信，大力改善美国基础设施和教育对创造中产阶级就业岗位会更有效。如果中国劳动力成本上升，低成本生产商会离开中国，但是他们不会回到高工资经济体。相反，他们会转移到印度、孟加拉等国，并最终转移到非洲。只要中国的生产率能与工资水平保持同步，中国就可以在提高工资水平的同时，不损失竞争力。

观点3：高端制造可能回流。南京大学经济学教授宋颂兴等认为，制造业确实存在回流美国的现象，但主要集中在一些高端制造业。这种回流并不会成为"大规模现象"。中国的劳动力成本虽在不断提高，但相比于美国，价格上还有很大优势。可能的趋势是，高端制造业流向制造业基础良好的美国本土，低端制造业则流向成本更低的周边国家。中国社科院工业经济研究所刘戒骄研究员在《半月谈》2012年第2期撰文认为，由于劳动力成本和环境标准高的制约，美国制造业回流不可能简单地回归传统制造业领域，而要采取以创新为中心、以高端为重点的战略，重建制造业竞争力。

如果把这个现象和政策联系在一起，首先就要澄清相关的概念。制造业回流一般是指跨国公司将制造业投资和生产能力从海外向本国转移的一种现象，它既包括把海外的工厂迁移回国，也包括在国内建设工厂，取代在海外建厂或采购的计划。

相关的概念则有转移、收缩等。

回流与转移。相对回流，转移的含义更为广泛，既包括向本土转移，也包括向其他国家转移。转移的原因包括利用地方优惠政策、接近市场、降低生产成本、保障产业链安全、优化产能布局等因素。目前，考虑到中国的用工成本、物流成本及汇率影响等，一些跨国公司将生产基地从中国转移到越南、老挝等东南亚国家等。对于转移到第三方的制造业转移，严格意义上不能称为回流。

回流与收缩。制造业投资收缩则意味着在全球经济低迷的背景下，对制造业领域的投资减少。典型的收缩指标是采购经理人指数PMI，一般来说，当PMI超过50%表示制造业总体扩张，而当PMI低于50%的时候，则说明制造业在收缩。由于国外投资规模收缩造成的投资额下降，不能简单认为是回流。

总量与增量。外商直接投资的总量是指累计的外资投资总额，投资增量则是指年度内新增加的投资额。当外商投资总量增加，而投资增量下降的时候，只能表示有回流的可能性，但不能确认为回流。当外商投资总量下降，则可直接认为制造业领域发生了投资转移或回流。此外，投资的企业数量[①]也是观察外商直接投资变化的一个重要指标。

微观与宏观。从企业的微观经济活动来看，个别厂商退出

---

① 统计指标主要包括外商投资企业年底注册登记企业数、每年的外商直接投资项目（企业）数等，前者表示外商投资企业的累计总量，后者表示当年全国新批设立外商投资企业。项目（企业）数表示直接投资形成的企业，也包括依托原有企业进行的新投产项目，此处统一称为企业数。

在海外的制造基地，搬回国内进行生产，较容易观察和判断。相对而言，大量企业或整个产业从一国回流到本土进行生产，或多国同类企业选择将投资撤回本土，这种宏观层面的变化才适合称为"回流"。对此，需要在统计基础上，选择重点领域进行行业或国别分析。

对外商直接投资变化的判断，关键要把握投资额、投资项目（企业）数、中国FDI占全球比重这三个核心指标。2007—2013年，中国制造业领域外商投资企业年底注册资本中的外方资本连续增长，从5368亿美元增加到7401亿美元。从年度新增金额来看，2011年制造业实际使用外资金额521亿美元，2013年为455亿元，增速下降。从项目（企业）总数和增速看，2007年外商投资企业年底注册登记企业数为189030家，2008年达到199526家，此后开始下降，2013年底为166195家，比2008年减少了33331家，下降了16.7%。从每年新增的项目数来看，2011年为11114个，比2010年增长0.61%，但2013年只新增6504个，只有2011年同期的58.5%。从吸引FDI占全球比重看，联合国贸易和发展组织的《2014世界投资报告》显示，中国2013年吸引外资1239亿美元，较上年增长2.3%，居全球第二位，与2010年基本持平，仍是吸收投资主要目的地国家。2014年，中国吸收外资规模超过美国，首次成为全球第一。

这些数据显示，外商在中国直接投资总额保持增长，但投资项目（企业）的总量下降，年度投资额和新增项目数的增速均放缓。投资项目（企业）总量下降是否意味着回流，还需要有大量的微观案例予以佐证。从全球投资趋势看，中国仍是制造业投资的主要目的地，但吸引外资的竞争压力增加。

那么，为什么外商直接投资变化得到如此的关注，其背后的政策含义在哪里？国际金融危机以来，欧盟各国主权债务危机不断深化，全球金融市场持续动荡，发达国家市场复苏乏力，中国经济增速放缓，经济结构进入深度调整期，国内外经济发展的不确定性都在增加。制造业领域FDI变化之所以得到关注，是受到产业政策、市场环境等多重因素的影响。

第一，欧美国家吸引制造业企业本土投资的政策影响逐步显现。以"再工业化"战略等为代表，美国、欧盟等纷纷采取了吸引制造业本土投资的策略，重点发展中小型制造企业、出口制造行业和高科技制造业，也扶持钢铁、汽车等传统制造业。这些政策涉及资金补贴、土地使用优惠、税收减免等措施，对制造业企业具有较强的吸引力和约束力。

第二，欧美国家市场波动使本土制造和采购相对更为经济。国际金融危机后，欧美市场呈现复苏趋势但缺乏持续动力。例如，美国制造业采购经理人指数2011年2月份上升至61.4的高点，此后波动下降至2015年2月份的54.3；德国制造业采购经理人指数在2011年4月达到61.7的高点，波动下降到2015年9月的55.5，特别是从2014年2月的56.5连续下降到当年10月的49.9。由于本土市场波动，企业的原材料采购、业务外包规模等方面存在较大的不确定性。尽管劳动力、原料等成本在整个生产成本中所占比重较小，但对市场变化、物流成本等因素敏感的企业而言，发展中国家的成本优势则变得更不明显，在本土进行采购和制造相对以往变得更为经济。

第三，中国劳动力成本优势减弱。经过 30 多年的工业化，中国的劳动力、土地、资源等要素成本随之增加，而金融危机后欧美工人工资增长相对缓慢甚至下降。财新网对江苏、广东等省 588 家企业的调查显示，从 2008 年到 2010 年，机械设备、纺织等领域人工成本增加了约 1.7%，占总成本的比例也从 11.1% 上升至 12.3%。此外，厂房、原材料、燃料、国际运费等海外投资成本也有所增长。

第四，国外制造业企业面临的竞争压力加大，单纯将中国作为生产基地的可能性降低。中国制造业国际竞争力不断增强，仅机电类产品出口居世界第一位的就有近 40 种。除了制造基地，越来越多的外资企业也将中国作为其产品的主要市场。随着中国市场竞争日趋激烈，外资企业面临着越来越大的竞争压力，其产品如果在中国市场不能获得较高认同度，追加在华生产投资的意愿可能降低。

从国际经济环境和中国参与国际制造业分工的前景来看，制造业领域的对华投资可能会呈以下发展态势：大规模回流将不会发生，但高端制造业将是投资竞争的焦点，传统制造业在美欧等国家和地区经济中的比重呈下降趋势，例如美国 2000 年制造业增加值占国内生产总值约 15.6%，2010 年这一比例下降到 13.2%；由于劳动力成本和环境标准高等制约，美欧等发达国家和地区的制造业不可能简单地回归到传统制造业领域，但以自动化、人工智能、3D 打印等为代表的技术将成为美欧国家和地区吸引制造业投资的重要推动力。

从短期来看，美欧等国家和地区对华直接投资力度可能减小。在新兴产业激烈竞争的情况下，美国、欧盟等国政府在基础设施、税收、信贷等多方面的鼓励措施，对企业进行本土投资具有较大的吸引力，特别是高端环节向中国转移的可能性将降低。同时，美国政府为了创造就业岗位，可能会持续强化鼓励制造业企业本土投资的政策。

从长期来看，中国吸引制造业投资正在形成新的竞争力。首先，新修订的《外商投资产业指导目录》进一步扩大对外开放的产业领域，引导外资投向高端制造业、战略性新兴产业。中关村等地对实施股权激励试点的外资企业在高新技术企业认定、政府采购、科技成果转化落地项目资金方面给予同等优惠。其次，尽管中国一些制造业领域仍处在全球价值链的低附加值环节，但随着制造业规模的扩大和工业体系、技术创新体系的完善，中国制造业所具有的相对优势也在加强。再次，中国的劳动力成本虽不断提高，但相比美欧等国家和地区，价格上还有很大优势。只要中国的生产率水平能与工资水平保持同步，就可以在提高工资水平的同时，不损失竞争力。最后，在经济新常态背景下，传统产业相对饱和，但基础设施互联互通和一些新技术、新产品、新业态、新商业模式的投资机会大量涌现，这些领域本身就具有非常高的技术含量，因此这种投资中"纯投资"的比重将继续缩小，而基于技术进步的产出将更加明显。

总体来看，在经济发展进入新常态的同时，中国吸引外资的优势也开始进入转换期。美国在吸引外资规模方面一直是处于最前列的国家，其优势显然不在于劳动力成本低等因素，而在于包括科技创新能力在内的、能为投资者带来丰厚回报的综合竞争力。面向未来，单纯的劳动力、土地等要素成本将不再成为中国吸引外资的主要优势，与外资制造企业相匹配的技术创新、产品实现能力将发挥越来越重要甚至主导的作用。

近年来，随着政策的完善，利用外资新优势已经显现。一方面，不断出台促进投资自由化、便利化的政策措施。中国利用外资的工作重心由"重规模"转为"重质量、重结构、重效益"。2013年3月商务部出台《2013年全国吸收外商投资指导意见》，鼓励外资投向现代农业、高新技术、先进制造、节能环保、新能源、现代服务业领域；充分发挥国家推动战略性新兴产业发展的有关政策效应，引进高技术含量、高端环节外商投资。2013年商务部发布《关于开展优化外商投资项目审批公告》，简化试点范围内审批事项的申报程序，取消省级以下商务主管部门转报环节，简化申报文件，取消部分无法律、法规明确规定需要报送的文件。2014年5月国家发展改革委发布《外商投资项目核准和备案管理办法》，改革了外商投资项目管理方式，将项目全面核准改为有限核准和普遍备案相结合的管理方式。

另一方面，上海自贸区实行负面清单管理、准入前国民待遇等外资政策创新初见成效。2013年，中国负面清单模式的实践在上海自贸区开启，上海市政府2013年9月制定了《中国（上海）自由贸易试验区外商投资准入特别管理措施（负面清单）（2013年）》，按照国民经济行业分类和代码，这个清单包含了18个行业门类，共有190条。2014年，商务部和上海市政府将负面清单从190条调整为139条，提出了在上海自贸区内实施的31条扩大开放的措施。国家发展改革委和商务部开展了《外商投资产业指导目录》的修订，大幅度缩减了限制类条目，进一步放开外资股比限制，结合上海自贸区试点情况，修订后的目录在金融、文化、会计审计、商贸物流、电子商务等领域都提出了进一步开放的措施。

创新对话

随着中国科技创新的发展，科技因素在国际合作中的角色也发生着变化。新中国成立以来，说到和国外的关系，特别是和发达国家的关系，更多是技术引进。中国的科技实力或技术承接能力增强后，这种关系变得微妙起来，一些发达国家和跨国公司开始担心面临更强的来自中国企业的竞争，担心知识产权得不到更有效的保护等。实际上，改革开放以来，跨国公司在中国享受着超国民的待遇，一旦这种"超国民待遇"变成了"国民待遇"，一些人反而因此觉得受到了不公。在中国加入WTO后，这种状况就变得更加突出，需要围绕科技创新建立政府间和民间的交流沟通机制，创新对话就成了自然而然的事。

例如，2010年10月，首次"中美创新对话"在北京举行。当时，中国的自主创新战略受到美方高度关注。在对话中，中美双方的科技战略，以及中国的自主创新、政府采购、外资开放等政策，美方的高科技产品出口、对中资开放等议题均进行了广泛讨论。

中德两国也建立了稳定的科技创新政策沟通机制，如中德创新政策平台。2011年6月，在两国总理见证下，中国科技部与德国教研部签署了《关于建立中德创新政策平台的联合声明》。

第十四章 科技全球化：越来越大的政策国际影响

这个平台为两国在创新领域提供了交流对话的长效机制，对深化中德科技和创新合作具有重要影响和导向作用。平台吸引了广泛的政府部门、企业及研究机构参与其中，为两国创新体系、创新体制改革和建设创新型国家提供政策支撑。

在区域层面也建立了对话机制，例如，中欧创新合作对话。第一次中欧创新合作对话于 2013 年 11 月 21 日第十六次中欧领导人会晤前在北京人民大会堂举行。双方都认为应该加强合作，建立稳定、透明、有效的创新框架条件。双方在科研创新领域继续促进公平竞争，减少创新壁垒及推进更加平衡的科研合作。在此之前的 2012 年 11 月，中国科技部与欧盟委员会科研创新总司共同举办中欧创新合作研讨会。研讨会分为健康、能源、信息通信技术及城市化／交通四个领域分论坛，邀请到来自中欧产、学、研各界相关专家，就未来中欧创新合作相关政策提出意见和建议。

虽然从机制、主题、功能等方面，已有的各类对话存在一定的差异，但发挥了一类共同的功能，即推动了政策交流参与主体的多元化，来自政府、科技界和产业界的代表能有机会从各自立场出发，表达自己的政策诉求，反馈政策的执行情况。这对于政策制定、公众理解和政策落实都可以提供有益的补充。随着科技创新全球化的深入，这类对话在中国与其他国家、地区、组织间将越来越多出现，也需要发挥更大的作用。

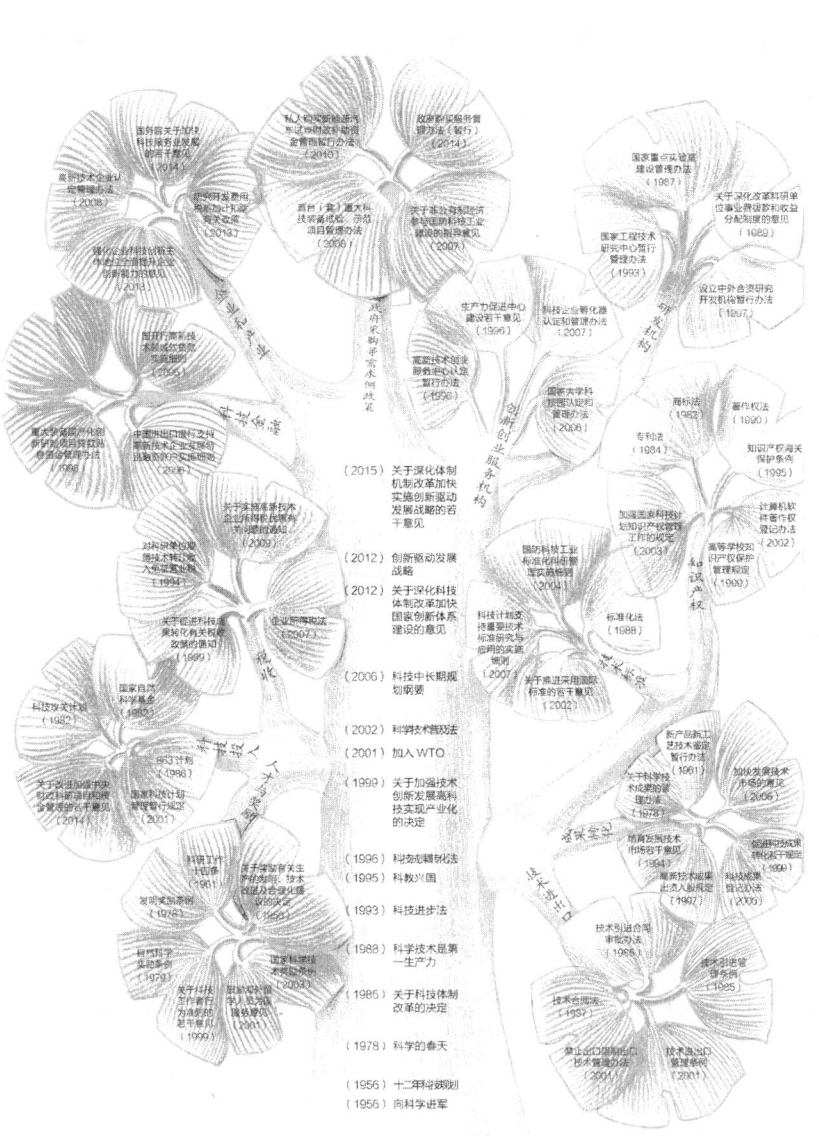

FROM ABSORPTION TO INNOVATION-DRIVEN
从"大胆吸收"到"创新驱动"

第十五章
创新驱动发展：需要更加协调的创新政策

从"大胆吸收"到"创新驱动"——中国科技政策的演化

第十三章中，我们讨论了产业变革，这和经济进入新的发展状态等其他因素一起，构成了中国科技创新发展的大背景。由此选择了创新驱动发展的路径，进而推动了科技政策的大规模、快速的演化。

从全球经济发展上看，创新驱动发展是产业变革和新技术革命的必由之路，是加快世界各国经济振兴、良性发展的必然趋势，科技创新与产业变革的深度融合成为当今世界最为突出的特征之一。对于中国而言，科技和产业变革与产业结构调整、经济发展方式转变实现了历史性交汇。

从竞争环境看，无论发达国家还是新兴经济体，都更加重视国家创新战略，尤其是美国、欧盟、韩国、日本等发达国家和地区纷纷加快科技事业发展、实施科技创新发展战略、加强基础性研究，重点发展战略性新兴产业、高新技术产业，加快科技成果向现实生产力转化，在国际经济、科技竞争中争取主动权。

中国实施创新驱动发展战略就是在这样的背景下提出的。随后，2014年8月18日，习近平在中央财经领导小组第七次会议上提出，实施创新驱动发展战略，就是要推动以科技创新为核心的全面创新，坚持需求导向和产业化方向，坚持企业在创新中的主体地位，发挥市场在资源配置中的决定性作用和社会主义制度优势，增强科技进步对经济增长的贡献度，形成新的增长动力源泉，推动经济持续健康发展。这是中国最高层次的经济工作会议中，对科技创新的新定位。

自2014年5月以来，"新常态"成为定义中国经济发展阶段的关键词，为透视中国宏观政策未来选择提供了新的视角。2014年11月9日，习近平在2014年亚太经合组织（APEC）工商领导人峰会上做了题为《谋求持久发展 共筑亚太梦想》的主旨演讲，明确指出中国经济呈现出新常态的特点和机遇，这是对中国在经济转型发展过程中一项重大的阶段性判断。与经济活动相伴，科技活动（或者对科技的期望）也进入一种新的状态，面临着全新的要求和挑战，在科技政策上也发生了全面而深刻的变化。

另一方面，中国多年积累的科技和经济实力，也为走这种路径提供了必要的条件。这个时期，在2006年《中长期科技发展规划纲要》发布、2012年科技体制改革的基础上，科技政策已具备了很好的基础，下一步要做的是科技与相关领域政策的协调，也就是围绕创新的顶层设计，而这在根本上要符合中国国家治理的新理念，主要体现在"四个全面"。

四个全面

从中国自身发展来看，改革开放30多年来，中国经济快速发展主要源于发挥了劳动力和资源环境的低成本优势。进入发展新阶段，中国在国际上的低成本优势逐渐消失。由于经济的粗放式发展，产业结构不合理带来的副作用逐渐显现，经济的可持续发展缺乏创新要素支撑。另外，由于受地域差异、环境和生产力水平的影响，经济发展不平衡、不协调、不可持续的问题依然突出，经济结构不合理已成为制约经济发展的瓶颈，只有大幅度提升创新能力特别是科技创新能力，才能真正完成经济结构的调整和发展方式的转变。

对此，外界也有类似的看法。张五常在《中国经济有多危险》一文中说："我是对中国最乐观的人，我跟进了三十五年，以前的三十年我都很乐观，最近的五六年我转悲观了。现在的经济政策非常不明朗。"[67] 英国《金融时报》评论说，政策制定者面临巨大的挑战，他们必须在不崩盘的情况下，对不断放缓的经济进行转型。

中国的决策者们深知这些变化，并积极采取了行动。习近平总书记2014年12月16日在江苏调研时强调，要"协调推进全面建成小康社会、全面深化改革、全面推进依法治国、全面从严治党，推动改革开放和社会主义现代化建设迈上新台阶"。"四个全面"反映了当前和今后一段时期，中国政府各项工作的关键环节、重点领域和主攻方向。"四个全面"的提出，既为加强创新驱动顶层设计，落实创新驱动发展战略提出了总体要求，也需要推进以科技创新为核心的全面创新，充分发挥科技创新的支撑引领作用。

全面建成小康社会是实施创新驱动发展战略总的目标。十八大提出了全面建成小康社会的奋斗目标，而要实现这个奋斗目标，就要大力推动产业升级和经济转型，实现有质量、有效益、可持续的发展，从根本上转换发展动力。

全面深化改革是实施创新驱动发展战略的制度保障。十八届三中全会提出全面深化改革的总体方向，实现创新驱动发展，就要坚持深化科技体制改革和经济社会改革同步发力，让市场决定技术创新的方向路径和资源配置，最大限度地解放科技生产力。在这个文件里，首先将市场配置资源的作用定义为"决定性"，无论在科技还是经济领域，如何发挥市场的作用，又一次成了政策制定者的新命题。

全面推进依法治国是实施创新驱动发展战略的坚实基础。十八届四中全会对全面推进依法治国的目标、原则、任务进行了全面部署，实现创新驱动发展，就要求加快完善科技、经济和社会领域的制度规范，依法保护创新主体的合法权益，保障各类创新活动高效运行。

全面从严治党是实施创新驱动发展战略的组织保障。不论是全面深化改革还是全面推进依法治国，都对从严治党提出了新要求。实施创新驱动发展战略，要求充分发挥党组织的领导作用，把创新驱动摆在各项工作的核心位置，突出创新制度，改革机制、改进作风。

规避"陷阱"

这个阶段，深化改革开放和转变经济发展方式任务十分艰巨，面临着一系列的发展"陷阱"，主要有高福利陷阱、中等收入陷阱、"修昔底德陷阱"等。规避和跨越这几个"陷阱"，需要进一步加强科技与经济的紧密结合，依靠科技创新提升经济竞争力和社会福利。

第一个是高福利陷阱，指社会福利支出的迅速增长导致公共开支日益庞大的现象。规避高福利陷阱，需要促进科技与经济紧密结合，培育国际竞争新优势。高福利陷阱既包括可持续、高质量经济增长的问题，也包括科技创新惠及民生的问题，还涉及公共福利资源配置的体制机制问题。实现创新驱动发展，就是要立足市场机制，把创新成果变成实实在在的产业活动，通过创新增加供给、创造需求，使创新惠及大众。

第二个是中等收入陷阱，指当一个国家的人均收入达到中等水平后，由于不能顺利实现经济发展方式的转变，导致经济增长动力不足，最终出现一种经济停滞的状态。规避中等收入陷阱，需要通过科技创新同步提高劳动生产率。中等收入陷阱的实质是劳动生产率发展水平滞后于社会福利发展水平，这从个人收入角度与高福利陷阱相呼应。实施创新驱动就是要把人才作为核心要素，消除束缚创新创业的制度障碍，增加适应技术变革和新就业岗位的技能型人才规模，大幅度提高全社会的劳动生产率。2013年11月，习近平在人民大会堂会见21世纪理事会北京会议外方代表时，阐述了中国的发展道路、改革开放、经济形势和对外政策。习近平表示，我们对中国经济持续健康发展抱有信心，中国不会落入所谓的中等收入陷阱。

第三个被称为"修昔底德陷阱"，指一个新崛起的大国必然要挑战现存大国，而现存大国也必然会回应这种威胁，这样战争变得不可避免。2014年1月25日，美国《世界邮报》创刊号刊登了对中国国家主席习近平的专访，针对中国迅速崛起，必将与美国、日本等旧霸权国家发生冲突的担忧，习近平反驳说，我们都应该努力避免陷入"修昔底德陷阱"，认为强国只能追求霸权的主张不适用于中国，中国没有实施这种行动的基因。对科技而言，规避"修昔底德陷阱"，需要通过开放创新实现合作共赢。近年来，部分国家政府一方面对中国对外投资、招商引资等怀有偏见，另一方面又对其高科技产品贸易设置人为障碍。通过科技创新对话合作等机制，有助于加深双方理解，依托科技创新找到全面开放合作的切入口、结合点和着力点。

此外，也有人提出了转型陷阱的说法。在经济转型的过程中，部分获益者阻碍进一步变革，要求维持现状，希望将某些具有过渡性特征的体制因素定型化，并由此导致经济社会发展的畸形化和经济社会问题的不断积累。要规避转型陷阱，需要发挥科技推动全面深化改革的重要力量。转型陷阱有可能将一种过渡形态的体制因素定型为一种相对稳定的制度。随着科技创新日益渗透至经济社会发展的方方面面，科技创新也成为推动生产关系和上层建筑变革的重要力量，如信息技术推动商业模式和管理变革，可再生能源发展引发电力体制改革。

政策体系的快速演进

从 2012 年第 6 号文件到《国家创新驱动发展战略纲要》的出台，中国的科技创新政策进入了一个新的阶段。这个阶段有两个突出的政策脉络。一方面，政策设计更加强调顶层设计，就是从宏观高度进行的整体"一揽子"设计，并在政策上有标志性的突破。例如，出台了深化体制机制改革的总体意见，出台了深化科技体制改革的总体方案。在重点政策突破上，加快修订《促进科技成果转化法》，在科技成果收益权、处置权改革方面有重大制度创新。统筹优化资源配置和综合集成,发布《关于改进加强中央财政科研项目和资金管理的若干意见》等重要政策。从政策发展的方向上,更加强调创新主体能力建设与创新生态环境营造并重,更加强调激发人的创新积极性与夯实科技创新的物质基础并重,更加强调择优示范与公平普惠并重。另一方面,也更加鼓励普通人群的创新,在政策上表现为创新创业政策,本章后半段会就此专门叙述。这两方面共同促进了科技创新政策体系快速演进。

对企业创新能力的支持,是这个阶段最核心的政策。2013年,《关于强化企业技术创新主体地位 全面提升企业创新能力的意见》发布,提出继续实施国家技术创新工程,加强企业创新能力建设。主要有以下三个方面:

第一,要完善引导企业加大研发投入的机制,出台《国家科技计划及专项资金后补助管理规定》《民口科技重大专项后补助项目(课题)资金管理办法》,引导企业按照国家战略和市场需求先行投入开展研发活动。

第二,完善和落实企业研发费用税前加计扣除等政策。扩大中关村国家自主创新示范区"1+6"相关税收政策的试点范围。在2015年关于研发费用加计扣除的政策调整,首次采用了"负面清单"的方式,即明确哪些费用不能作为研发费用,这就在政策操作上增加了很大的灵活性。

第三,加大对中小微企业技术创新的支持。扩大科技型中小企业技术创新基金规模和科技型中小企业创业投资引导基金规模,启动国家科技成果转化引导基金,支持科技型中小企业

第十五章 创新驱动发展：需要更加协调的创新政策

技术创新。

科技和经济结合最紧密的方式之一，就是将科技服务作为一项产业领域来看待。2014年10月9日，国务院发布了《关于加快科技服务业发展的若干意见》，要培育和壮大科技服务市场主体，创新科技服务模式，延展科技创新服务链，培育科技创新服务新兴业态，完善政策环境，推动科技创新创业机构向服务专业化、功能社会化、组织网络化、运行规范化发展。值得关注的是，如果将科技服务作为产业看待，相应的政策设计就不只是科技的问题，而更要从产业发展的角度进行思考和设计，例如，这个产业的边界是什么？产业的规模有多大？否则，科技服务业还是只能停留在概念上。

围绕着深化科技评价和奖励制度改革、完善科技人才流动机制、推进院士制度改革等也颁布或修订了一系列政策，如《关于深化高等学校科技评价改革的意见》，推动建立激励约束并重，与科技、教育、经济规律相适应的评价体系；进行《国家科学技术奖励条例》及其实施细则的修订，加大对团队协同创新、青年人才和企业技术创新的奖励力度；推进《社会力量设立科学技术奖管理办法》的修订，推动社会力量设奖有序发展。

同时，为建立国家重大科研基础设施和科技基础条件平台开放共享制度，2014年发布了《关于国家重大科研基础设施和大型科研仪器向社会开放的意见》，按照科研设施和仪器的功能实行分类开放共享，建立促进重大科研基础设施和大型科研仪器开放共享的激励引导机制、评价机制和奖惩机制，加强开放使用中形成的知识产权管理。

新一轮的深化改革

在2012年召开的首届中国科技政策论坛上,中国科学院党组副书记方新回顾了中国科技体制改革三十年的历程。她认为,中国科技体制改革三十年有"三个不变",即改革针对的基本问题没有变、对创新主体制度变革和能力建设的探索没有变、充分调动科技人员积极性创造性没变[32]。但不变的同时,改革又确实是在不断深化。所处的时代变了,问题的内涵变了,改革的措施也在不断深化,以前更多的是在微观的运行机制上变革。在创新驱动发展战略背景下,宏观层次的政策调控要发挥更大作用。

经济宏观调控有三驾马车:货币政策、计划调节、财政政策。在科技领域,也存在这样的宏观调控,其主要工具除了直接的研发投入调节以外,还包括与研发有关的税收政策、科技基础条件和设施政策、市场培育和引导政策等。2015年3月13日,《中共中央 国务院关于深化体制机制改革 加快实施创新驱动发展战略的若干意见》发布,这是实施创新驱动发展战略背景下,全面提出的科技创新政策。全文共分9个方向30条。这个文件的一个显著特点是更加关注宏观经济政策对创新的引导、调控作用,主要是营造有利于创新的、公平的市场环境。

2015年9月25日,《深化科技体制改革实施方案》颁布,全面启动了新一轮科技体制改革。十八大以来出台的科技体制改革举措涉及科技创新发展的方方面面,分散在不同文件中。《方案》把各项改革任务和政策措施进行汇总,提出了可操作、可检验的具体细则、办法和措施,系统梳理了科技与市场、产业、金融、教育、人才等相关领域的改革举措,一体化推进,有利于统筹布局。此次深化科技体制改革,以构建中国特色国家创新体系为目标,围绕企业技术创新主体地位、激发科研院所和高等学校的创新活力、改革人才评价和激励机制、促进科技成果等10个方面进行了全面部署,提出了32项改革举措、143项政策措施。

创新创业

中国经济的高速增长,得益于不同时期的几次创业潮,从改革开放之初农民企业家的涌现,到20世纪90年代的"下海潮",再到加入WTO后"外向型"企业的发展,都是生动的创新创业表现。只不过,在那些时候,创业创新没有作为单独的政策议题。在创新驱动发展战略的要求下,加之经济稳定增长的压力,中国政府对创新创业政策给予了特别的关注。创新创业政策是人才政策的延续,是历经奖励、"松绑"、引进后的新阶段,也是人才政策与中小企业、科技金融等其他政策的结合。

值得关注的是,技术创新与就业在历史上曾有某种天然的矛盾。技术创新的结果可能造成就业岗位的减少,至少在制造业领域存在这种趋势。1811年,"卢德派"运动的怒火开始在英国诺丁汉等地点燃,他们有组织地对工厂主的机器,主要是纺织机器,发起了破坏性的进攻[68]。在当时,人口的增长和18世纪出现的贸易高潮大大增加了对纺线的需求,而乡村工业无法满足这种需求,这为纺织技术革命提供了推动力。当时,纺织业中操作手摇纺织机的工人过剩,自动织布机的使用激化了就业矛盾,这也是爆发"卢德派"起义的基本因素之一。

如何在技术创新的同时,也能提供或不减少就业机会,是科技快速发展条件下新的政策问题。在中国,"劳动密集型技术(Labor Intensive Technology)"在很大程度上解决了这种矛盾,但在主流的创新政策领域却没有得到足够的重视。如果不了解这类技术,那就会忽视近几十年来中国创新的一些本质的特征。

20世纪90年代初期,中国的劳动力人口迅速增长,在结构上的变化体现为农村劳动力开始逐渐减少,而城市劳动力则大量增加,这也意味着大量的农村劳动力进入城市务工。这些原本的农村劳动力进入城市后,大多经过短时间的培训便走上了工作岗位,这些培训往往是由企业自发组织的,培训内容也直接对应于实际的生产流程。这些劳动力活跃在制造业、服务业的各个领域,不仅包括服装、玩具等制品,也包括电子信息、仪器装备等一些高技术领域。这就产生了一个问题,如何使大批量基本没有接受过完整职业技术教育的人快速胜任生产岗位?

劳动密集型技术的概念1975年曾出现在学术论文中,作者通过对中国台湾地区出口导向型企业的研究,认为在四类重要产业领域,外资企业比本土企业更倾向采用劳动密集型技术[69]。虽然一般的经济学理论认为,劳动密集型技术是容纳和占用的劳动力较多,单位劳动占用的资金较少,技术装备程度较低的技术，但理论界、政策界对此的认识也在不断深化。Betz 和 Despain 针对道路建设领域的研究认为[70]，发展中国家的主干道路建设，可能需要资本密集型技术，而劳动密集型技术更适用于农村支线道路建设。Muhammad 通过模型研究认为[71]，发展中国家对适用技术（劳动密集型技术）的采用，不应依赖于已存在的劳动力要素，而应更多考虑发展格局与市场竞争的需求。

中国学者对此也有所关注，如认为应重点发展具有劳动技术密集特征的集约化农业，这类产业较少受耕地限制、生产率较高、加工附加值较大，既可以避免耕地稀缺的劣势，又可以充分发挥中国劳动力资源丰富的比较优势[72]。也有人认为，在中国的发展模式选择上，不能单纯追求技术密集型产业，而要把发展技术密集型产业和劳动密集型产业结合起来，处理好二者的关系[73]。北京市委的《前线》杂志 2005 年曾刊文提出，增长方式与技术构成有关，粗放型的增长方式往往与设备技术的落后相联系，但增长方式并不仅仅涉及技术水平的问题，甚至主要不是技术水平问题，科技水平高的产业和企业也可以是粗放型的增长方式。同样，劳动密集型产业与技术水平有关，劳动密集型产业往往与传统的、落后的技术相联系，但并不一定是先进技术的对立物，劳动密集型产业也可以有较高的科技含量。

这种特点在近年的产业发展中也不乏案例，如近年出现的"劳动密集型高科技"一词。例如，华为、比亚迪等企业，在保持劳动力成本优势的同时开展了技术创新。比亚迪的某生产线将发达国家采用机器操作的部分流程用人工替代，通过人数众多的优势降低了成本。某种意义上，这些企业也可称得上是劳动密集型的高技术企业。这些案例也说明，中国在一些领域已具备了从低技术、低附加价值的传统劳动密集型产业，向高技术、高附加值的新型劳动密集型产业升级的条件，劳动力成本优势和技术创新这两个条件将在激烈的国际竞争中同时发挥作用。

在知识经济背景下，个人的创新可以为经济体系注入新的活力，这从另一个角度缓解或抵消了技术创新和就业间的矛盾。2015年3月11日，国务院办公厅发布《关于发展众创空间推进大众创新创业的指导意见》，主要的导向是适应和引领经济发展新常态，顺应网络时代"大众创业、万众创新"的新趋势，加快发展众创空间等新型创业服务平台，营造良好的创新创业生态环境，激发亿万群众创造活力。主要的措施包括构建众创空间、降低创新创业门槛、鼓励科技人员和大学生创业、支持创新创业公共服务、完善创业投融资机制等方面。

2015年6月6日，国务院《关于大力推进大众创业万众创新若干政策措施的意见》（国发〔2015〕32号）发布，为改革完善相关体制机制，构建普惠性政策扶持体系，推动资金链引导创业创新链、创业创新链支持产业链、产业链带动就业链，提出了若干意见。

FROM ABSORPTION TO INNOVATION-DRIVEN
从"大胆吸收"到"创新驱动"

第十六章
回到政策基本面：几方面基础与热点

从"大胆吸收"到"创新驱动"——中国科技政策的演化

在梳理和回顾这些主要科技思想和政策脉络的同时，也应该关注到，科学、技术和创新这三个原本独立的概念，在中国政策领域的界限越来越模糊，这反映了随着科技与经济活动的融合，对政策设计者提出的新要求。《中长期科技规划纲要》突出了科技和金融政策的联系。2012年中央6号文、2015年《中共中央 国务院关于深化体制机制改革 实施创新驱动发展战略的若干意见》等文件，大幅度推动了科技政策向科技创新政策的演进。

那么，什么是科技创新政策？对此，我们首先要了解创新政策。在美国学者阿特金森和伊泽尔所著的《创新经济学：全球竞争优势》一书中，他们认为，创新政策虽然也包括那些各个国家在任何时期都会处理的同类政策问题，但侧重点是各国如何从最大限度地增强创新和提高竞争力的角度来解决这些问题。最先进的国家认识到了这一点，他们的创新战略形成了一致目标，即谋求用一种和谐的、通过培育创新促进经济增长的方式，在科研、技术商业化、IT投资、教育和技能发展、税收、贸易、知识产权、政府采购等方面综合协调完全不同的各种政策。最终，一个国家的政策目的是，明确地将科学、技术和创新与经济、就业增长联系起来，有效地制订行动计划去参与以创新为基础的经济活动并取胜。如果国家想要在全球创新优势的竞争中取得成功，他们需要一个掷地有声、资助丰厚且可有效实施的创新战略[74]。在中国2014年8月的中央经济工作会议上提出了以科技创新为核心的全面创新，这就意味着科学和技术因素将和管理、商业模式等因素相结合，共同组成中国的创新战略。其中，科学技术处于最重要的位置。

因此，中国的科技创新政策体系将再一次进入一个快速完善的阶段。在这个过程中，既意味着要出台许多新的政策，许多已有的政策也将会修订，同时还意味着要打好一些与之相关的基础，比如智库建设、基本数据信息的积累以及更科学的政策制定方法。

科技政策智库

科技政策需要专门的研究，其研究队伍的稳定性是政策预见、制定、实施和评估各环节保持稳定水平的根本性因素。随着科技政策的发展，中国也形成了核心突出、多层次的科技政策研究队伍，它们中最为突出的思想者，就是中国的科技政策智库。

例如，上海市科学学研究所成立于1980年1月，是中国最早的软科学研究机构之一，在科技政策的理论研究、决策支撑、知识普及、国内外交流等方面开展了卓越的工作。国务院发展研究中心，是直属国务院的政策研究和咨询机构，成立于1985年[①]。主要职责是研究国民经济、社会发展和改革开放中的全局性、综合性、战略性、长期性、前瞻性以及热点、难点问题，为党中央、国务院提供政策建议和咨询意见。在科技政策领域开展工作的主要有技术经济部，在科技发展重大战略、体制、政策及相关理论方法等方面开展了大量研究，突出了技术与经

---

① 当时，为了加强经济、技术、社会发展的咨询研究工作，更好地适应社会主义现代化建设和经济体制改革的需要，决定将原国务院经济研究中心、技术经济研究中心和价格研究中心合并，成立经济技术社会发展研究中心（简称国务院发展研究中心）。《国务院关于成立经济技术社会发展研究中心的决定》，国发〔1985〕81号文。

济、技术与产业的结合。

又如，中国科学院科技政策与管理科学研究所成立于1985年，主要从事国家科学技术发展战略、政策与管理科学的理论、方法及应用问题研究，具有扎实、前沿的理论研究水平，为国家宏观管理部门、中国科学院、地方政府和企业提供高水平的研究咨询服务。

还有，中国科学院大学设立了技术创新与战略管理研究中心、科技资源管理研究中心等机构，在科技政策、创新体系、区域科技发展等方面开展研究。中国社会科学院技术创新与战略管理研究中心成立于1995年，是隶属于中国社会科学院的一个非营利性的学术与咨询研究机构。清华大学中国科技政策研究中心（CISTP）是2003年由国家科学技术部与清华大学联合成立的科技政策与发展战略研究机构，在国际科技发展趋势、国家科技发展战略及相关公共政策领域开展理论和应用研究。

最后，要说一下作者所在的机构——中国科学技术发展战略研究院。出于对业内其他同仁的尊敬，将它列在最后。研究院的前身为中国科学技术促进发展研究中心，研究中心在中国改革开放和经济发展的大潮中由国务院于1982年10月正式批准成立。研究中心成立的时间，要早于大多数发展战略研究的智库。研究院的研究内容包括科技规划、体制、预测、统计、投资、产业、农村、区域、社会发展等各个与科技政策相关的领域。

不同类型政策制定过程中，所依赖的对象也有很大差别。从广义来说，科学政策需要更多依赖科学共同体，而创新政策的制定，来自企业的声音则更为重要。大约在20世纪初中国开始近现代科学研究，科学共同体的建立尚在起步阶段，来自科学共同体的推动科学技术进步的动力，如辩护、技术、竞争、合作的力量比较小[75]。

说到智库，不能不说智库自身所面临的政策环境。这些政策的研究往往被称为"软科学"。国家科委1995年发布《软科学研究成果评审办法》，提出了软科学成果的综合评价所采用的指标，包括经济效益和社会效益，科学价值和意义，对决策科学化和管理现代化的作用和影响，观点、方法和理论的创新性，研究难度和复杂程度，科研规模和效率六个方面。

这些指标有利于对不同类型的软科学研究形成一个统一的评价方式，从项目管理上有益，但从综合评价来说，却有着一定的不足。因为，随着软科学研究的结束，政策层面的推进和说服力往往就会逐步停止，这就使得软科学研究类似于一般的社会科学研究。而实际上，软科学研究的结束，只是还处于政策设计的初期，需要研究者、决策者和政策对象进行相当一段时间的沟通，而这个特点，恰是研究者可能忽视的，也可能是由于客观原因所难以坚持的。

政策研究的"道"与"术"

尽管中国已形成了全面的科技政策体系，在政策制定和实施方面拥有丰富的、特色鲜明的经验，但从发展的整体趋势来看，中国科技政策的理论和实践刚刚经过蹒跚学步阶段，正在步入具有蓬勃生命力的阶段。

政策研究的"道"涉及基本理论、基本认识和基本立场等问题，有三方面内容。

一是要有理论上的积累，将科技政策作为一门学科来看待。科技政策的研究和制定，涉及科技、经济、政治、管理、法律、社会等多个学科领域，这些学科共同为科技政策提供了理论内涵。例如，市场失灵、创新系统等概念原本来自经济学，政治学要求政策制定者关注治理理念、权力运行规则，社会学则为科技创新贡献了社会资本、合作网络等要素。在此基础上，面向政策制定的共同特点，这些理论集成逐步形成了一个相对独立的学科。2005年，时任美国总统科技政策办公室主任的马伯格在系列文章中提出了科学政策学的概念，认为需要理解科技政策的运行机制，帮助决策者制定科学严谨的科技政策，确保美国科技决策的科学性和合理性。这个观点得到了美国政府和学界的响应。2011年，美国学者凯耶等出版了《科学政策学手册》，集中展示了科学政策学理论、方法和实践的最新进展。这本书在国内也已译成中文出版。

二是对自身特点的认识，无论是对一个国家、一个地区或某一主题。在科技政策设计中，有时容易简单照搬国外或其他地区的理论。我们常常关注来自于欧美国家的经济理论、创新理论，从交流和研究的角度当然无可厚非。但是，欧美的创新理论是从资本主义制度的经济和科技运行实践中总结概括而来的，而不是为了中国特色的创新而立论的。创新三螺旋理论是埃茨科威兹基于美国波士顿和麻省理工学院的实践而提出的，创新系统理论则是基于对第二次世界大战后日本经济腾飞过程的考察。老一辈经济学家陈岱孙曾就西方经济学说过,任何国外的理论和模式,即使是科学的,在彼时彼处行之有效的,也不能作为中国经济政策的理论依据,直接移用于社会主义建设。这种判断在创新领域一样发人深省。

三是避免"不想解释,只想改造"。研究者常常提出很多新的或重复性的意见,围绕复杂而深刻的问题指点江山。但实际上,对这些问题并没有基于现实的、历史的实证分析,更不要说以此为基础提炼形成的历史观、国情观和知识体系。比如,创新体系这一概念往往和科技体制改革联系在一起,那么改革是什么?就是要回到事物本来拥有的自然状态,一个基本要求就是符合历史和传统。要建设有中国特色的国家创新体系,关键就是弄清什么是"中国特色"。而所谓"中国特色",根本上也是要符合中国长期历史发展形成的传统。再如,1912年经济学家熊彼特首先从经济学角度系统提出了创新理论。他认为,一个经济(体),如果没有创新,是静态的没有发展、增长的经济。经济之所以不断发展,是因为在经济体系中不断地引入创新。那么,新中国成立后的六十多年里,特别是在改革开放以来,经济规模实现了接近10%的增长率。在这个过程中,创新发挥了多大的贡献,如何理解这种创新。那些进城务工的农民、生产线上重复劳作的工人、各类开发区内外的小企业主,他们的行为是如何参与了技术创新。中国几十年来翻天覆地的经济发展过程,为关注创新提供了一个无法重复的研究对象,而这往往被我们自身所忽视。

"术"则是工具的问题。科学政策分析界缺乏完善的工具、方法和数据来支撑决策者们做出科学、合理、高效的决策。科技政策讨论通常由某些科学领域的专家所主导，他们往往从自己的利益出发阐明相关领域的重要性，这使决策者们难以从宏观和整体上做出科学、合理、高效、公正的科学决策[76]。因此，政策研究的"术"也有几个层次，一类是计量型的，最为典型的就是文献计量分析，对科学产出的量和质量进行分析评价，如发表论文数量、被引用情况等。对于专利、新产品、高技术产值等指标，也往往基于统计指标采取类似的方法。这已经成为政策分析时的基础性工具。

另一类是关联性、展示性的，通过既有信息分析科技发展内在的规律。比如，利用信息技术、数据挖掘等手段可以制作科学地图，采用图形的方式描述科学问题，确定学科、领域、专业及文献之间的物理接近程度，使科学信息在整体上变得可视化。通过静态或动态的图像，科学地图可以展示某个国家（地区）、某个主题的科学结构，分析竞争热点和新的科学增长点。当前，中国许多图书馆、科研机构开始关注这方面的理论，但政策研究人员的实际应用仍然很少。

还有一类是预见性的，通过集中个体的判断得出趋势性的结论，最为典型的是对未来科学和技术发展的预测。

未来的政策热点

如果提名对科技创新最有影响的政策或制度，应该有以下三个。第一个是企业制度的形成，这使得自然人能够自由地组织在一起开展生产活动，在制度上能够获得预期稳定的收益。

要知道，在 18 世纪之前人们是不被允许自由组成商业组织的，直至英国、法国在法律上确定了企业的地位。这个制度明确了产权的边界，是创新最底层的基石。第二个是股份公司或有限公司的制度，这些制度使投资者可以将风险控制在一定的范围内，投入多少资本、拥有多少股份就承担多少风险，而不是传统意义上父债子偿类型的责任，这就明确了风险的边界。第三个和科技有些关联，就是知识产权制度，它明确了无形资产的边界，而无形资产又是技术在经济上体现价值的一个根本特点。

在这几个制度基础上，又有研发投入、税收减免、成果转化、产学研合作等各类科技创新政策。从影响来看，它们对于创新都非常重要，但如同海平面之上的冰山。而海平面之下的部分，则是大量基于产权界定的经济制度所确定的。

中国科技创新政策将进入第四个快速完善阶段。如果说新中国成立以来的"五六规划""科研工作者十四条"等是中国科技创新政策在新时期的起源，那么这个完整的过程经历着三个主要的爆发期。第一个爆发期在 20 世纪 80 年代，也就是在 1985 年《决定》出台以后，这个时期在技术市场、财政资金投入、高新区等方面都出了一系列政策。第二个是 2006 年的科技规划纲要，这个阶段科技金融、政府采购的色彩突出。在后来的国际金融危机中，围绕新兴产业又出台了很多政策。第三个是 2012 年中央 6 号文件，成立了科改小组，出台 242 项配套政策。目前，可以认为即将进入或已经开始了第四个阶段，就是十八大以来，对创新驱动发展战略的认识。这一次，将产生更大范围的政策协调，涉及产业、金融、环保等各个方面。如果这些问题能够较好地解决，科技创新政策体系可以说基本就完备了。

需要关注的是，科技政策面临那些真问题？需要通过政策手段来解决的问题，往往可以分为三类。第一类是政策含义模糊不清或认识不到位，如成果转化率的问题。第二类是在制度设计方面并没有多少需要探讨的问题，理论上也分析得比较透彻，或者本身就没有多少理论研究的必要性，这往往是行政博弈中产生的推进困难，如财政科技资源统筹等问题。第三类是政策研究和制定者需要关注的问题，即潜在的政策空间或风险，如对境外研发投资、成果转化等。下面是未来可能会受到关注的一些问题。

如何激励企业设立研发基金并提高研发组织能力？2014年中国全社会研发支出占GDP为2.05%，达到1.34万亿元。经济新常态下，中国的经济增速将由高速转为中高速，根据《国家科学和技术中长期发展规划纲要（2006—2020年）》，全社会研发投入占GDP的比重到2020年将达到2.5%。而中国经济如果保持7%的增速，2020年中国的GDP将比2014年再增长50%，约90万亿人民币，那么按照2.5%的比例，2020年将达到2.25万亿元人民币的研发投入，约3600亿美元，相当于目前一个中等国家的GDP总量。从投入结构来看，企业投入占全社会投入的76%（2014年），如果仍保持这一比例，2020年将达到1.7万亿元人民币。如何引导企业组织好、用好这种大规模的研发支出，提出了新的政策问题。近年来，由企业出资、政府部门或基金委员会组织运行的模式，既能由企业出题，满足企业的直接科技需求，也能保持政府科技计划或基金的权威性，满足承担者的学术评价需求。这为此提供了启示。

第十六章 回到政策基本面：几方面基础与热点

现代院所制度究竟是怎样？仿照现代企业的概念，现代院所也成为科技体制改革中频繁出现的一个概念。但究竟什么是现代院所，似乎又是一个关注多年但又无权威解读的概念。随着科技体制改革和事业单位改革，中国科研院所研发体系已发生了重大变化。对现有公益类科研院所改革不能仅停留在公益一类、公益二类的划分层面上，应结合国家战略导向和行业特点进一步深化改革，构建起能激发科研院所独立决策，快速灵活地迎合国家和地方科技发展战略需求的现代科研院所制度，方能更好地履行政府所赋予的公共科技使命。这方面，如何建立好出资人制度、实现管办分离、扩大自主权是关键。

社会组织能否成为创新的"第三方"力量？与来自企业、事业单位的研发力量相呼应，与科技创新有关的社会组织变得越来越活跃。这些社会组织包括学会、支持创新活动的基金会、科技类民办非企业[①]以及行业协会等组织。科技类社会组织是社会化创新网络的重要载体，有助于形成多元化的科技评价体系，能够补充政府创新公共服务职能。中国的科技类社会组织刚刚开始发育，在北京、上海、广州等一些地区已经有了生动的实践。在更加强调治理的背景下，科技类社会组织如何发挥自身的功能、找到更适合的新定位，不仅是这些组织自身的问题，也需要政策的引导。

对科研机构、科研人员、科技项目如何评估、评价和评审？对于"三评"的问题，政策着力点要放在分类上，无论是科研机构、人员还是项目，都需要根据其活动的特点进行专门的设计，包

---

① 新修订的《民法总则》已将其称为"社会服务机构"。

括评价指标、评价机制、实施评价的主体等。从理论上这并没有什么障碍，似乎只要行政上同意就行，但操作起来却并不轻松。最近的科技体制改革方案中，都已体现出这种政策导向，但要把这些导向落到实处，仍需要精雕细琢、稳扎稳打。

如何核算科技投入与产出？这是一个老问题，也是新问题。科技对经济增长的直接作用，也体现在 GDP 核算方面。在现有的 GDP 核算方法中，研发投入被视为一种产出的中间消耗，不被认为是固定资产投资，因此不会纳入 GDP。从国际经验来看，研发，而非一般意义上的技术成果，已经成为推动经济增长的重要动力，其作为固定资产的属性也更加明显，美国在 2013 年已经开始采用这种核算方法。根据国家统计局新的国民经济核算修订方案，知识产权产品的研发支出将计入 GDP，这将直接带动 GDP 的增长，有分析认为，由财政支持的研究机构目前已计算在 GDP 中，但占全社会研发投入 76% 的企业研发投入并未纳入核算，如果将企业的研发投入纳入，将拉动 GDP 增长 1 个百分点以上。

战略区域、跨区域的科技创新需要哪些政策？跨区域的、特别是要呼应国家重大区域发展战略的科技创新政策对整体经济社会发展的影响越来越大，比如"一带一路"[①]、京津冀等区域。

---

① "丝绸之路"是古代贯通中西方的主要商路，也是中国与西方世界经济、政治、文化交流的重要纽带。陆上丝绸之路跨越陇山山脉，穿过河西走廊，通过玉门关和阳关，抵达新疆，沿绿洲和帕米尔高原通过中亚、西亚和北非，最终抵达非洲和欧洲，也称骆驼之路、沙漠之路、草原之路。海上丝绸之路则以中国东南沿海为起点，经东南亚、南亚、西亚，到达非洲，也称瓷器之路、茶叶之路、香药之路。资料来源：韩永辉，邹建华.一路一带背景下的中国与西亚国家贸易合作现状和前景展望.国际贸易，2014（8）：21.

与一般的地方性政策相比，跨区域政策设计的关键在于，如何使不同行政区域内的科技资源、科技活动能够有效地利用和开展。虽然可以依靠市场机制，但考虑到科技有一定的公共属性，政府的作用不可或缺，不同区域政府间的合作机制尤其重要。而且，一些区域还涉及国际合作中的大量政策问题。

区域间的创新合作需要哪些利益分配机制？围绕成果转化、企业孵化、共建科技园区等开展区域间的创新合作，大多可以通过市场机制来实现，但在税收分配等上问题也需要新的政策设计。例如，共建园区作为一种重要的模式受到国内各地区高度重视。近年来，上海、广东、江苏等地区在共建园区方面进行了大量探索，纷纷开展以高新区为主要依托的异地共建园区，对跨区域整合资源、实现自身更好发展、带动其他区域发展都产生了积极影响。这需要根据合作模式的不同，设计不同的共建园区利益分享政策。比如前期共建园区内新增增值税、所得税地方留成部分，全部由地方财政补贴给共建园区，后期按照约定比例进行分成；或者采取BOT方式（建设－经营－转让）来开发建设并经营管理共建园区。

在科研机构的法人属性或配套政策上能否有突破？针对长期困扰科研院所改革、新型研发机构等的身份问题，需要关注民法典编纂和社会组织立法，积极与民政等部门共同推进民办非企业、基金会等科技类社会组织的制度建设。另一种可能是，探索财团法人属性、非营利、社会化的科研组织模式。

能否通过政策组合形成"零成本"创新？科技创新活动成本可分为狭义和广义两个方面，狭义的成本针对科研活动，可以参考科研项目（课题）所委托的科目，具体包括科学仪器设备使用、检验检测费用、科研资料和数据购置以及围绕学术交流而产生交通、会议、评审等费用。广义的成本还包括科技人员的工资、地租、产品销售等方面。近年来，互联网对融资、研发合作的影响，改变着创新的成本。与此相关的有几个概念，比如众创、众筹、众包等，这增加了创新的自组织性。众筹就是大众筹资或群众筹资，一般而言是通过网络上的平台联结起赞助者与提案者。众包指的是一个公司或机构把过去由员工执行的工作任务，以自由自愿的形式外包给非特定的大众网络的做法，任务通常是由个人来承担。这些概念在本质上具有高度相关性，主要是指通过互联网、物联网等技术，极大地提高社会生产率，进而使经济活动的边际成本接近于零，使经济领域进入"零成本"模式。这些新方式综合在一起，支撑起了"分享经济""零成本社会"等概念。那么，在一些支持创新创业的特定区域，如各种众创空间、创新工场等，通过税收减免、房租补贴等政策组合，科技创新能否也能出现类似的"零成本"状态值得探讨。

不同领域的政策间如何实现更好的协调？2015年，无论是实施创新驱动发展战略的有关意见，还是科技体制改革的方案，与以往相比最大的一个变化就是关于市场政策的加入。这可以说是第一次在科技体制改革的政策中出现了市场准入、反垄断、市场监管等政策要素。这一方面说明政策制定者和公众对创新政策有了新的理解，另一方面也大幅度提高了政策协调的难度。在以往，科技政策主要集中在与科技密切相关的少数部门和机构，虽然在高技术、科技人才等方面与产业、教育等方面有交叉衔接，但毕竟是一类专业性的政策。现在，这些政策涵盖了科技、财政、税收、产业、教育、投资、社会保障、国际贸易等方方面面，而且创新政策的协同和跨部门协调本身就是一个相当复杂的过程，它涉及众多利益相关主体。在一定程度上，有人认为这个命题本身就是行政管理或政治博弈的过程，但在政策工具选择、协调机制设计方面仍有很多需要关注的新空间。

如何通过创新网络来降低创新的成本？创新网络是一定区域内的企业和各行为主体（大学、科研院所、地方政府、中介机构、金融机构等）通过交互作用形成相对稳定、能够激发或促进创新的关系集合，企业在其中往往需要发挥核心作用。创新网络的形成和发展过程中，有利于以市场交易和知识流动方式突破传统的组织惯例，这正是创新网络之所以比单一组织更能激发创新灵感、提升创新效率的原因。那么，创新网络在市场上会自发形成么？是否需要在网络节点、连接机制等方面进行必要的政策引导？这类问题，实际上也是创新系统研究的具体化。

如何适应政策对象范围的新变化？近年来，包容性创新成为国际上一项重要的政策理论议题，关注创新对低收入群体福利的提高，以及草根群体参与科技创新活动。中国的创新创业等政策，在理念上与包容性创新是非常类似的。这种政策理念的变化引发了新的问题，科技创新政策以往支持的对象，主要是企业、科研机构等法人主体，但未来创新创业的自然人将越来越多地成为政策对象。这种变化，要求政府加快从科技管理到创新服务的转变，在公共服务和产品的类型、规模、供给方式、可获得性等方面进行对应调整。在包容性创新有关政策研究、制定和实施过程中，也要依托互联网等技术手段，进一步扩大参与者的范围，使创新创业的普通群体能够有效发挥作用。

新政策是否合法的问题？这个问题初听起来有些莫名其妙，政策是政府出的文件，怎么能不合法。但随着法制化水平的提高，一些新政策甚至已有的政策，很有可能与法律相冲突，比如，在一般的政策中是不能规定处罚措施的，除非有直接的法律依据和执法权限。在科技政策制定中，与之相关的法律除了《科技进步法》《成果转化法》《科普法》《人类遗传资源管理条例》《人类遗传资源管理条例（征求意见稿）》《国家科学技术奖励条例》等几个直接相关的法律法规外，在未来可能会面临更多的法律层面的协调，例如，在委托专业机构进行项目管理过程中，不仅会涉及行政诉讼的问题，也可能会因专业机构和项目承担方的纠纷，涉及民法等问题。

政策太少了，还是太多了？每一次中央政府关于科技发展战略、科技体制改革的文件发布后，会配套跟上数百条的领域性、主题性政策，加之各地方出台的各种意见、办法、实施细则等政策，其规模不少于数千条。这还不算那些对科技创新有影响但作用范围不只限于科技创新领域的政策。这也带来另一个问题，政策的具体实施者、政策对象会感到应接不暇，刚熟悉了一批，又来了一批。对此，要保持政策的延续性、稳定性，让"好"政策长期实行，也要更多采取"负面清单"的方式，在不频繁更新政策内容的条件下，保持政策的弹性。

科技创新政策的演进，依赖于改革，伴随着改革。科技体制相对于其他领域改革的特殊之处，就是它不仅涉及利益问题，也涉及许多新的认识问题，在政策操作中也越来越依赖其他政策领域。这种特点也是科技创新政策研究制定的难点，未来的道路上难免出现坎坷。对这些问题的理解、破解，就体现了中国所特有的创新政策实践，在这种政策实践上的归纳、提炼，也就有可能形成独特的创新理论，这也会丰富整个创新理论。

政策用于调整生产关系，根本上由生产力水平所决定。发展路径在转变过程中，政策是推动力之一，是保障条件之一，也可能是阻碍因素之一。适度超前则能引领，一旦滞后则成阻碍。实现创新驱动发展，离不开客观、务实、可操作的政策设计，更离不开扎扎实实、衔接配合的政策落实。每一项政策的突破，都可能伴随着漫长而艰难的过程。破茧化蝶，需要更深的认识、更高的智慧、更大的勇气，突破旧制度，探索新制度。

在本书的结尾，借用凌志军在《联想风云》中的一段话共勉：在过去20多年里，我们的国家始终在新与旧的激烈冲突中挣扎着前进。如果你屈服于旧体制，你会被淹没其中；如果你公然反抗，你会体无完肤。联想的真正与众不同之处，在于它掌握了与旧制度相处的方法，同时又以惊人的坚韧、耐心和技巧与旧制度中令人作呕的弊端周旋，一点一点地摆脱束缚，走向新世界。

主要参阅政策

(按首字笔画排序)

1. 《"七五"国家重点工业性试验项目管理办法》(1986年)

2. 《人力资源和社会保障部办公厅关于印发〈专业技术人才知识更新工程高级研修项目管理办法〉的通知》(2014年)

3. 《人力资源和社会保障部办公厅关于印发〈专家服务基地建设管理办法〉的通知》(2014年)

4. 《人力资源和社会保障部关于印发专业技术人才知识更新工程急需紧缺人才培养培训项目和岗位培训项目实施办法的通知》(2012年)

5. 《人事部等部门关于建立海外高层次留学人才回国工作绿色通道的意见》(2007年)

6. 《工业与信息化部关于促进中小企业"专精特新"发展的指导意见》(2013年)

7. 《工业和信息化部关于印发信息化与工业化深度融合专项行动计划(2013—2018年)的通知》(2013年)

8. 《中国工程院关于印发中国工程院院士增选违纪违规行为处理办法(试行)的通知》(2012年)

9. 《专业技术人才知识更新工程国家级继续教育基地补助经费管理办法》(2014年)

10.《中央企业"十三五"发展规划纲要》(2016年)

11.《中央企业科技创新成果经营业绩考核奖励细则》(2012年)

12.《中共中央　国务院关于加速科技进步的决定》(1995年)

13.《中共中央　国务院关于加强技术创新，发展高科技，实现产业化的决定》(1999年)

14.《中共中央　国务院关于实施科技规划纲要　增强自主创新能力的决定》(2006年)

15.《中共中央组织部　人力资源和社会保障部等九部门关于做好2014年高校毕业生"三支一扶"计划实施工作的通知》(2014年)

16.《中共中央编制办　科技部关于进一步完善科研事业单位机构设置审批的通知》(2014年)

17.《中华人民共和国技术引进合同管理条例》(1985年)

18.《中华人民共和国技术合同法》(1987年)

19.《中华人民共和国技术进出口管理条例》(2001年)

20.《中华人民共和国知识产权海关保护条例》(1995年，2004年，2010年)

21.《中华人民共和国科学技术进步法》(1993年，2008年)

22.《中华人民共和国科学技术普及法》(2002年)

23.《中华人民共和国促进科技成果转化法》(1996年)

24.《中华全国总工会　科技部　工业和信息化部　人力资源和社会保障部　国资委　全国工商联关于进一步加强职工技术创新工作的意见》(2012年)

25.《中国人民银行关于开办支小再贷款　支持扩大小微企业信贷投放的通知》(2014年)

26.《中国人民银行关于加快小微企业和农村信用体系建设的意见》(2014年)

27.《中国人民银行关于进一步加强信贷管理 扎实做好中小企业金融服务工作的通知》(2011年)

28.《中国人民银行 科技部 银监会 证监会 保监会 国家知识产权局关于大力推进体制机制创新 扎实做好科技金融服务的意见》(2014年)

29.《中国工程院章程(修订稿)》(中国工程院第十二次院士大会审议通过)(2014年)

30.《中国科协办公厅 教育部办公厅关于印发〈2012年全国青少年高校科学营试点活动实施方案〉和〈2012年全国青少年高校科学营试点活动实施管理办法〉的通知》(2012年)

31.《中国科协关于组织实施学会能力提升专项的通知》(2012年)

32.《中国科学院"十二五"引进国外杰出人才和聘任海外知名学者管理办法》(2011年)

33.《中国科学院"发展中国家优秀中心"支持计划实施管理办法(暂行)》(2013年)

34.《中国科学院"百人计划"管理办法》(2011年)

35.《中国科学院"率先行动"计划暨全面深化改革纲要》

36.《中国科学院外籍院士选举办法》(2012年)

37.《中国科学院机关岗位配置与岗位聘用管理办法》(2012年)

38.《中国科学院岗位管理实施办法》(2012年)

39.《中国科学院青年科学家奖管理办法》(2011年)

40.《中国科学院非法人单元机构和人员管理办法》(2012年)

41.《中国科学院国家外国专家局"创新团队国际合作伙伴计划"管理办法》(2011年)

42.《中国科学院院士章程（修订稿）》(中国科学院第十七次院士大会审议通过)(2014年)

43.《中国科学院院士增选工作中院士行为规范》(2012年)

44.《中国科学院院士增选工作中院士候选人行为守则》(2012年)

45.《中国科学院院士增选工作实施细则》(2012年)

46.《中国科学院院士增选有效候选人材料公示办法（试行）》(2012年)

47.《中国科学院院士增选投诉信处理办法》(2012年)

48.《中国银监会关于2014年小微企业金融服务工作的指导意见》(2014年)

49.《中央组织部关于印发青年英才开发计划实施方案的通知》(2011年)

50.《中央组织部关于印发国家高层次人才特殊支持计划的通知》(2012年)

51.《中国科学院发布关于区域创新集群建设的指导意见》(2011年)

52.《中国科学院关于改革科技评价建立重大产出导向研究所评价体系的决定》(2012年)

53.《中央宣传部 教育部 科技部 中国科学院 中国工程院 中国科协关于进一步加强科技宣传工作的意见》(2011年)

54.《公益性行业科研专项经费管理试行办法》(2006年)

55.《计算机软件著作权登记办法》(2002年)

56.《生产力促进中心管理办法》(2003年)

57.《国家外汇管理局关于进一步改进和调整直接投资外汇管理政策的通知》(2012年)

58.《国家外汇管理局关于鼓励和引导民间投资健康发展有关外汇管理问题的通知》(2012年)

59.《发展改革委关于加强小微企业融资服务 支持小微企业发展的指导意见》(2013年)

60.《发展改革委 科技部印发关于加快推进民营企业研发机构建设的实施意见的通知》(2011年)

61.《发展改革委 商务部 中国人民银行 国家税务总局 国家工商总局关于开展国家电子商务示范城市创建工作的指导意见》(发改高技〔2011年〕463号)

62.《全国中小企业股份转让系统有限责任公司管理暂行办法》(2013年)

63.《产业机构调整指导目录》(2011年)

64.《关于"十五"期间大力推进科技企业孵化器建设的意见》(2001年)

65.《关于开展博士、硕士学位授权学科和专业授权类别动态调整试点工作的意见》(2014年)

66.《关于分流人才、调整结构、进一步深化科技体制改革的若干意见》(1992年)

67.《关于以高新技术成果出资入股若干问题的规定》(1997年)

68.《关于以高新技术成果作价入股有关问题的通知》(1999年)

69.《关于加大对公益类科研机构稳定支持的若干意见》(2007年)

70.《关于加快发展技术市场的意见》(2006年)

71.《关于加快建立国家科技报告制度的指导意见》(2014年)

72.《关于加快高新技术创业服务中心建设与发展的若干意见》(2000年)

73.《关于加强与科技有关的知识产权保护和管理工作的若干意见》(2001年)

74.《关于加强生产力促进中心建设的若干意见》(1996年)

75.《关于加强国家科技计划知识产权管理工作的规定》(2003年)

76.《关于动员广大科技人员服务企业的意见》(2009年)

77.《关于在国家科技计划管理中建立信用管理制度的决定》(2004年)

78.《关于设立中外合资研究开发机构、中外合作研究开发机构的暂行办法》(1997年)

79.《关于进一步培育和发展技术市场的若干意见》(1994年)

80.《关于改进科学技术评价工作的决定》(2003年)

81.《关于国家科技计划管理改革的若干意见》(2006年)

82.《关于国家科研计划实施课题制管理的规定》(2002年)

83.《关于国家科研计划项目研究成果知识产权管理的若干规定》(2002年)

84.《关于贯彻开发研究单位由事业费开支改为有偿合同制的改革试点意见》(1984年)

85.《关于贯彻落实〈中共中央国务院关于加强技术创新、发展高科技、实现产业化的决定〉有关税收问题的通知》(1999年)

86.《关于科技工作者行为准则的若干意见》(1999年)

87.《关于科学技术研究成果的管理办法》(1978)

88.《关于科学技术研究成果管理的规定（试行）》(1984 年)

89.《关于科学事业费管理的暂行规定》(1987 年)

90.《关于促进自主创新成果产业化的若干政策》(2008 年)

91.《关于促进科技成果转化的若干规定》(1999 年)

92.《关于做好支持科技人员服务企业工作的通知》(2009 年)

93.《关于深化改革科研单位事业费拨款和收益分配制度的意见》(1989 年)

94.《关于鼓励海外留学人员以多种形式为国服务的若干意见》(2001 年)

95.《军用技术转民用推广的目录》(2015 年度，各年均发布)

96.《农业部关于加强基层农技推广工作制度建设的意见》(2011 年)

97.《农业部关于贯彻实施〈中华人民共和国农业技术推广法〉的意见》(2013 年)

98.《农业部关于促进企业开展农业科技创新的意见》(2013 年)

99.《农业部关于深入贯彻落实中央 1 号文件 加快农业科技创新与推广的实施意见》(2012 年)

100.《技术引进合同审批办法》(1985 年)

101.《技术经纪资格认定暂行办法》(1997 年)

102.《财政部 工业和信息化部 科技部 商务部关于印发〈中小企业发展专项资金管理暂行办法〉的通知》(2014 年)

103.《财政部关于印发中央补助地方科技基础条件专项资金管理办法的通知》(2012 年)

104.《财政部关于印发中央国有资本经营预算重点产业转型升级与发展资金管理办法的通知》（2013年）

105.《财政部关于印发民口科技重大专项后补助项目（课题）资金管理办法的通知》（2013年）

106.《财政部关于印发民口科技重大专项项目（课题）财务验收办法的通知》（2011年）

107.《财政部关于民口科技重大专项项目（课题）预算调整规定的补充通知》（2016年）

108.《财政部关于扩大中央级事业单位科技成果处置权和收益权管理改革试点范围和延长试点期限的通知》（2013年）

109.《财政部关于在中关村国家自主创新示范区进行中央级事业单位科技成果处置权改革试点的通知》（2011年）

110.《财政部关于在中关村国家自主创新示范区进行中央级事业单位科技成果收益权管理改革试点的意见》（2011年）

111.《财政部关于实施中央预算单位公务卡强制结算目录的通知》（2011年）

112.《财政部 科技部 民政部 海关总署 国家税务总局关于科技类民办非企业单位适用科学研究和教学用品进口税收政策的通知》（2012年）

113.《财政部 科技部关于印发国家科技计划及专项资金后补助管理规定的通知》（2013年）

114.《财政部 科技部关于印发国家科技成果转化引导基金管理暂行办法的通知》（2011年）

115.《财政部 科技部关于印发科学事业单位财务制度的通知》

（2012年）

116.《财政部 科技部关于调整国家科技计划和公益性行业科研专项经费管理办法若干规定的通知》（2011年）

117.《财政部 国家税务总局 人力资源和社会保障部关于继续实施支持和促进重点群体创业就业有关税收政策的通知》（2014年）

118.《财政部 国家税务总局关于小型微利企业所得税优惠政策有关问题的通知》（2014年）

119.《财政部 国家税务总局关于中关村东湖张江国家自主创新试点地区和合芜蚌自主创新综合试验区有关股权奖励个人所得税试点政策的通知》（2013年）

120.《财政部 国家税务总局关于中关村东湖张江国家自主创新试点地区和合芜蚌自主创新综合试验区有关职工教育经费税前扣除试点政策的通知》（2013年）

121.《财政部 国家税务总局关于研究开发费用税前加计扣除有关政策问题的通知》（2013年）

122.《证监会 科技部印发关于支持科技成果出资入股确认股权的指导意见》（2012年）

123.《环境保护部关于加快完善环保科技标准体系的意见》（2012年）

124.《林业局关于加快科技创新促进现代林业发展的意见》（2012年）

125.《事业单位人事管理条例》（国务院令第652号）（2014年）

126.《软科学研究成果评审办法》（1995年）

127.《国务院办公厅关于印发2013年全国打击侵犯知识产权和

制售假冒伪劣商品工作要点的通知》(2013年)

128.《国务院办公厅关于印发全面科学素质行动计划纲要实施方案（2011—2015年）的通知》(2011年)

129.《国务院办公厅关于加快发展高技术服务业的指导意见》(2011年)

130.《国务院办公厅关于金融支持小微企业发展的实施意见》(2013年)

131.《国务院办公厅关于强化企业技术创新主体地位 全面提升企业创新能力的意见》(2013年)

132.《国务院办公厅转发人力资源和社会保障部 财政部 国资委关于加强企业技能人才队伍建设意见的通知》(2012年)

133.《国务院关于"九五"期间深化科学技术体制改革的决定》(1996年)

134.《国务院关于进一步加强知识产权保护工作的决定》(1994年)

135.《国务院关于进一步做好打击侵犯知识产权和制售假冒伪劣商品工作的意见》(2011年)

136.《国务院关于改进加强中央财政科研项目和资金管理的若干意见》(2014年)

137.《国务院关于科学技术拨款管理的暂行规定》(1986年)

138.《国务院关于促进企业技术改造的指导意见》(2012年)

139.《国资委印发中央企业负责人经营业绩考核暂行办法》

140.《国家工程技术研究中心暂行管理办法》(1993年，2000年)

141.《国家工程技术研究中心暂行管理办法》(2000年)

142.《国家大学科技园认定和管理办法》(2006)

143.《国家开发银行关于科技型中小微企业授信评审的指导意见》（2012年）

144.《国家自主创新产品认定管理办法（试行）》（2006年）

145.《国家自然科学基金条例》（2007年）

146.《国家级示范生产力促进中心认定和管理办法》（2007年）

147.《国家软科学研究计划管理办法》（2007年）

148.《国家科技计划项目承担人员管理暂行规定》（2002年）

149.《国家科技计划管理暂行规定》（2001年）

150.《国家科技成果重点推广计划管理办法》（1997年）

151.《国家重点实验室建设管理办法》（1987年）

152.《国家高新技术创业服务中心认定暂行办法》（1996年）

153.《国家税务总局关于贯彻落实〈中共中央国务院关于加强技术创新、发展高科技、实现产业化的决定〉有关所得税问题的通知》（2000年）

154.《国家知识产权局印发关于加强专利分析工作的指导意见》（国知发协字〔2011年〕6号）

155.《国家知识产权局印发关于加强重大项目和高层次人才知识产权维权援助服务工作的通知》（2011年）

156.《国家知识产权局　发展改革委　科技部　农业部　商务部　工商总局　质检总局　版权局　林业局联合印发关于加快培育和发展知识产权服务业的指导意见》（2012年）

157.《国家知识产权局关于印发重大经济科技活动知识产权评议试点工作管理暂行办法的通知》（2012年）

158.《国家知识产权局关于加快提升知识产权服务机构分析评议

能力的指导意见》（2012年）

159.《国家质检总局关于印发关于推进检验检测公共技术服务平台建设指导意见的通知》（2011年）

160.《科技三项费用管理办法（试行）》（1996年）

161.《科技成果登记办法》（2000年）

162.《科技企业孵化器（高新技术创业服务中心）认定和管理办法》（2006年）

163.《科技评估管理暂行办法》（2000年）

164.《科技部　财政部　国家税务总局关于在中关村国家自主创新示范区完善高新技术企业认定中文化产业支撑技术等领域范围的通知》（2014年）

165.《科技部　中央宣传部　财政部　文化部　广电总局　新闻出版总署关于印发〈国家文化科技创新工程纲要〉的通知》（2012年）

166.《科技部办公厅关于印发产业技术创新战略联盟评估方案（试行）的通知》（2012年）

167.《科技部　北京市人民政府关于建设国家技术转移集聚区的意见》（2013年）

168.《科技部　民政部　财政部　海关总署　国家税务总局关于印发科技类民办非企业单位进口科学研究和教学用品免税资格审核认定管理办法的通知》（2013年）

169.《科技部加强与科技相关的知识产权保护和管理工作的思路和安排》（2002年）

170.《科技部关于印发〈科研事业单位设置评估办法（试行）〉的通知》（2014年）

171.《科技部关于印发创新型产业集群试点认定管理办法的通知》(2013年)

172.《科技部关于印发〈关于进一步加强国家科技计划项目(课题)承担单位法人责任的若干意见〉的通知》(2012年)

173.《科技部关于印发进一步鼓励和引导民间资本进入科技创新领域意见的通知》(2012年)

174.《科技部关于印发国际科技合作"十二五"专项规划的通知》(2011年)

175.《科技部关于印发国家科技计划科技报告管理办法的通知》(2013年)

176.《科技部关于印发国家高新技术产业开发区创新驱动战略提升行动实施方案的通知》(2013年)

177.《科技部关于印发依托企业建设国家重点实验室管理暂行办法的通知》(2012年)

178.《科技部 农业部 水利部 林业局 中国科学院 农业银行关于印发"十二五"国家农业科技园区管理办法的通知》(2012年)

179.《科技部 财政部关于印发〈国家科技成果转化引导基金设立创业投资子基金管理暂行办法〉的通知》(2014年)

180.《科技部 财政部关于印发国家科技支撑计划管理办法的通知》(2011年)

181.《科技部 财政部关于印发国家重点基础研究发展计划管理办法的通知》(2011年)

182.《科技部 财政部关于印发科技惠民计划管理办法(试行)的通知》(2012年)

183.《科技部　财政部　国家税务总局关于中关村东湖张江国家自主创新试点地区和合芜蚌自主创新综合试验区有关研究开发费用加计扣除试点政策的通知》（2013 年）

184.《科技部　财政部　国家税务总局关于在中关村国家自主创新示范区高新技术企业认定中文化产业支撑技术等领域范围试点的通知》（2013 年）

185.《科技部　财政部　国家税务总局关于完善中关村国家自主创新示范区高新技术企业认定管理试点工作的通知》（2011 年）

186.《科技部　总装备部　财政部关于印发国家高技术研究发展计划（863 计划）管理办法的通知》（2011 年）

187.《科技部　教育部　中国科学院　中国工程院　国家自然科学基金会关于印发进一步加强基础研究若干意见的通知》（2011 年）

188.《科学技术评价办法（试行）》（2003 年）

189.《食品药品监督管理局关于深化药品审评审批改革　进一步鼓励药物创新的意见》（2013 年）

190.《总装备部　国家国防科技工业局　国家保密局关于加快吸纳优势民营企业进入武器装备科研生产和维修领域的措施意见》（2014 年）

191.《高等学校知识产权保护管理规定》（1999 年）

192.《高新技术企业认定管理办法》（2007 年）

193.《高新技术创业服务中心管理办法》（2005 年）

194.《教育部　发展改革委　财政部关于深化研究生教育改革的意见》（2013 年）

195.《教育部关于印发〈普通高等学校本科专业目录（2012 年）〉〈普通本科学校本科专业设置管理规定〉等文件的通知》（2012 年）

196.《教育部关于进一步加强高校科研项目管理的意见》(2012年)

197.《教育部关于进一步加强高等学校基础研究工作的指导意见》(2012年)

198.《教育部关于改进评审评估评价和检查工作的若干意见》(2014年)

199.《教育部关于深化高等学校科技评价改革的意见》(2013年)

200.《教育部 财政部关于印发〈2011协同创新中心建设发展规划〉〈2011协同创新中心政策支持意见〉〈2011协同创新中心认定暂行办法〉三个文件的通知》(2014年)

201.《教育部 财政部关于印发高等学校创新能力提升计划实施方案的通知》(2012年)

202.《教育部 财政部关于加强中央部门所属高校科研经费管理的意见》(2012年)

203.《教育部 财政部关于实施高等学校创新能力提升计划的意见》(2012年)

204.《教育部 科技部关于开展高等学校新农村发展研究院建设工作的通知》(2012年)

205.《银监会 国家知识产权局 工商总局 版权局关于商业银行知识产权质押贷款业务的指导意见》(2013年)

206.《商务部 发展改革委 科技部 工业和信息化部 财政部 环境保护部 海关总署 税务总局 质检总局 知识产权局关于促进战略性新兴产业国际化发展的指导意见》(2011年)

207.《商务部关于印发〈境外企业知识产权指南〉(试行)的通知》(2014年)

208.《博士后管理工作规定》(2001年)

209.《集成电路布图设计保护条例》(2001年)

210.《禁止出口限制出口技术管理办法》(2001年)

211.《新产品新工艺技术鉴定暂行办法》(1961年)

参考文献

[1] 龚关.中华人民共和国经济史[M].北京:经济管理出版社,2010.

[2] 龙多·卡梅伦,拉里·尼尔.世界经济简史——从旧石器时代到20世纪末[M].潘宁,等译.上海:上海译文出版社,2014.

[3] 陈劲,等.科学、技术与创新政策[M].北京:科学出版社,2013.

[4] 张力.观察我国建设世界一流大学的两个维度[N].人民日报,2014-01-13.

[5] 吕变庭.宋史研究论丛:北宋科技政策述略[M].石家庄:河北大学出版社,2013.

[6] 潜伟,吕科伟.宋代科技政策的计量研究——以《宋史》本纪中记载科技内容为计量对象[J].科学学研究,2007(2):233-238.

[7] 关于李约瑟难题的争论:解答之四[EB/OL].百度百科.

[8] 李约瑟.中国科学技术史[M].北京:科学出版社,2006.

[9] "红衣大炮",见证明朝衰亡[EB/OL].梅州教育信息网[2011-11-02].

[10] 吴晓波.浩荡两千年:中国企业公元前7世纪—1869年[M].北京:中信出版社,2015.

[11] 龙瓦尔·赫拉利. 人类简史 [M]. 林俊宏, 译. 北京：中信出版社，2014.

[12] 雷德·戴蒙德. 枪炮、病菌和钢铁：人类社会的命运 [M]. 谢延光, 译. 上海：上海世纪出版集团，2006.

[13] 刘声东，张铁柱. 甲午殇思 [M]. 上海：上海远东出版社，2014.

[14] 崔禄春. 建国以来中国共产党科技政策研究 [M]. 北京：华夏出版社，2002.

[15] 尹璐，满佳. 建国初期我国科技政策的发展及启示 [J]. 辽宁工业大学学报：社会科学版，2011，13(6)：48-50.

[16] 佚名. 中国科学院科学奖金暂行条例（一九五五年八月五日国务院全体会议第十七次会议通过）[J]. 科学通报，1955(2)：2.

[17] 张昀京. 铸剑九十年锋刃正凛然——中国共产党科技思想及政策回眸 [J]. 科技潮，2011(7).

[18] 郑巧英. 连续与突变：中国科技政策史——吴明瑜先生访谈录 [J]. 科学中国人，2004(9)：24-26.

[19] 吴晓波. 历代经济变革得失 [M]. 杭州：浙江大学出版社，2013.

[20] 国家科委，加拿大国际发展研究中心. 十年改革：中国科技政策 [M]. 北京：北京科学技术出版社，1991.

[21] 曹普. 改革开放史研究中的若干重大问题 [M]. 福州：福建人民出版社，2014.

[22] 惊回眸，那个春天——记1978年全国科学大会召开的前前后后 [N]. 科技日报，2008-03-17.

[23] 吴晓波. 激荡三十年：中国企业（1978—2008）（上）[M]. 北京：中信出版社，2007.

[24] 三十年前我们为什么要改革开放 [N]. 学习时报，2008-09-01.

[25] 傅高义. 邓小平时代 [M]. 冯克利，译. 北京：生活·读书·新知三联书店，2013.

[26] 谷牧. 谷牧回忆录 [M]. 北京：中央文献出版社，2009：301.

[27] 重温"科学的春天" [N]. 光明日报，2008-01-23.

[28] 凌志军. 中国的新革命——1980—2006年，从中关村到中国社会 [M]. 北京：人民日报出版社，2008.

[29] 刘旭. 改革开放以来中国科技政策回顾 [EB/OL]. 百度文库.

[30] 江泽民. 加快改革开放和现代化建设步伐，夺取有中国特色社会主义事业的更大胜利 [A]// 中共中央文献研究室. 改革开放三十年重要文献选编 [M]. 北京：中央文献出版社，2008.

[31] 杨文利. 1992—1998年的科技改革 [EB/OL]. 国史网 [2014-11-05].

[32] 方新. 中国科技体制改革三十年的变与不变 [N]. 科技日报，2012-09-27.

[33] 钟财. 《中共中央关于建立社会主义市场经济体制若干问题的决定》名词术语解释 [M]. 北京：人民出版社，1993.

[34] 中华人民共和国科学技术部. 中国科技发展60年 [M]. 北京：科学技术文献出版社，2009.

[35] 中国日报，1995-07-04(4版).

[36] 郭涛. 技术市场开放30年机遇与挑战 [N]. 中国高新技术产业导报，2014-06-02.

[37] 国家科发办公厅.国家科委文件汇编[M].北京:科学技术文献出版社,1994.

[38] 张思民.高新技术产业发展与风险资本支持[N].科技日报,2000-05-12.

[39] 科技事业发展的第三座里程碑[N].科技日报,1995-05-26.

[40] 中国共产党第十五次全国代表大会文件汇编[M].北京:人民出版社,1997.

[41] 程鸿勤.《中关村科技园区条例》刍议[J].北京市政法管理干部学院学报,2001(4):54-57.

[42] 刘文静.地方立法中的冲突与合作——评《中关村科技园区条例》[J].暨南学报:哲学社会科学版,2012(6):8-16.

[43] 崔木杨.我国双休日制度源于学者出国考察[N].劳动报,2015-04-19.

[44] 乔传福,王来武,郝淑君,等.我国现代科研院所制度研究[M].北京:经济科学出版社,2011.

[45] 孙雷.十年回首"分税制"[N].21世纪经济报道,2004-11-14.

[46] 王一娟,张建平.打消顾虑轻装闯关——评析242个科研院所企业化转制[N].经济参考报,1999-06-04.

[47] 万钢.中国科技改革开放30年[M].北京:科学出版社,2008.

[48] 我国科技管理体制改革在科技管理和院所管理方面不断完善(刊物专题报道)[J].科技促进发展,2014(3):62-67.

[49] 王名,李勇,黄浩明.美国的非营利组织[M].北京:社会科

学文献出版社，2012.

[50] 赵忆宁. 龙永图回忆朱镕基总理决断中美入世谈判内幕 [N]. 21世纪经济报道，2011-11-21.

[51] 陈特安，吴迎春，吴绮敏. 增长强劲创新发展——2000年世界经济形势述评 [N]. 人民日报，2000-12-25(7版).

[52] 余莹. WTO框架下我国科技产业政策的运用——中美集成电路增值税案评析 [J]. 科技进步与对策，2007，24(7)：1-3.

[53] 李兵，李正风. 课题制实施存在的问题与对策 [J]. 科学学与科学技术管理，2011，32(12)：5-11.

[54] 贾鹤鹏. 转基因的那些事儿 [EB/OL]. 果壳网 [2013-01-14].

[55] 李侠. 科技伦理：没有约束的科技是危险的 [N]. 光明日报，2015-07-31.

[56] 罗志荣. 解读自主创新战略 [J]. 企业文明，2006(1)：30-35.

[57] 李哲，苏楠. 社会主义市场经济条件下科技创新的新型举国体制研究 [J]. 中国科技论坛，2014(2)：5-10.

[58] 熊彼特. 经济发展理论 [M]. 北京：商务印书馆，1983.

[59] 栾恩杰. 国家重大工程是科技进步的牵引力——再论工程技术科学的关系 [J]. 新华文摘，2016(6)：120-122.

[60] 克莱顿·克里斯坦森. 创新者的窘境 [M]. 北京：中信出版社，2014.

[61] 丹·布莱兹尼茨，迈克尔·默夫里. 红皇后的奔跑：政府、创新、全球化和中国增长 [M]. 柳卸林，陈健，吴晟，等译. 北京：经济管理出版社，2014.

[62] 李哲. 大数据将加速形成新的技术经济范式 [N]. 学习时报，

2015-01-05.

[63] 樊纲. 中等收入陷阱迷思 [J]. 中国流通经济, 2014(5)：4-10.

[64] 韩永辉, 邹建华. 一路一带背景下的中国与西亚国家贸易合作现状和前景展望 [J]. 国际贸易, 2014(8)：21.

[65] 董碧娟. 全球研发中心东移的"中国机遇" [N]. 经济日报, 2012-08-28.

[66] 中国科学技术发展战略研究院科技体制与管理研究所. 中国企业在欧洲建立研发机构的调查报告 [M]. 北京：科学技术文献出版社, 2015.

[67] 李伯重. 为何经济学需要历史 [J]. 读书, 2015(11)：19-26.

[68] 哈尔·海尔曼. 技术领域的名家之争 [M]. 刘淑华, 郭威, 译. 上海：上海科学技术文献出版社, 2008.

[69] JAMES R. The nature and determinants of export-oriented direct foreign investment in a developing country：a case study of Taiwan[J]. Review of world economics, 1975, 111(3)：505-528.

[70] BETZ M J, DESPAIN R. Labor intensive technology：promises and barriers[J]. Transportation research record, 1980, 749：67-71.

[71] MUHAMMAD T. Developing countries dilemma：labor intensive technology or capital intensive technology?[C]. Conference Proceedings of the 13th International Conference of the System Dynamics Society, Tokyo, Japan, 1995.

[72] 蒋和平, 张忠明. 发展劳动技术密集型——设施农业的政策建议 [J]. 中国经贸导刊, 2010(14)：30-31.

[73] 陈永志. 正确处理发展技术密集型产业与劳动密集型产业的

关系 [J]. 河南社会科学，2003，11（2）：15-17.

[74] 罗伯特 D. 阿特金森，史蒂芬 J. 伊泽尔 . 创新经济学：全球竞争优势 [M]. 王瑞军，等译 . 北京：科学技术文献出版社，2014.

[75] 张九庆 . 科学的进步——表现与动力 [J]. 北京：科学技术文献出版社，2014.

[76] 程如烟 . 重视科学政策学的研究应用 [N]. 学习时报，2011-12-12.

跋

写作中所关注的基本线索，就是科技与经济的结合。围绕这条线，尽可能收集参考了三个方面的材料，政策原文、专业论著和不同时期的有关采访报道。不同类型的素材像镜子一样，反映出同一主题的不同观察视角，比如对于院所企业化转制，政策文本反映了一揽子的制度衔接设计，专业文章则探讨因属性变化而带来的政策设计的不确定性，而当时的报道则对那些面向市场勇于探索的机构和人员给予了生动的记录。

在书稿整理的过程中，科技创新政策也在发生着深刻而快速的变化，这种现实变化比想象的还要生动。当前，中国正在全面深化改革，其中科技体制改革是一类重要任务。在推动科技体制改革的实施方案中，已安排了140多项具体的任务，这就意味着新一轮的政策密集区正在形成。也需要认识到，科技政策只是突出反映了政府的作用，科技活动实际上要比政策所描述的丰富得多。科技创新的实现，政策很重要，但并非根本性的因素，不能期望完全靠政策的作用。在科学领域，政策的影响相对大些，但对于创新活动而言，公平开放的市场环境才是根本。

对某个主题的观察，往往需要两个基本的时间视角，一是面向历史的"回望"，另一个是面向当前的"守望"，书中虽然谈到了一些潜在的需要关注的政策热点，但能力和认识都很有限，不敢奢谈"瞭望"。但对现实而言，"瞭望"的价值却是最大的。无论是基于学术研究、政策制定或个人兴趣的原因，各位同行、各位读者在"回望""瞭望"科技创新政策时，如果书中内容能够做些小小的铺垫，作者将感到最大的满足。

研究和写作过程中，得到了中国科学技术发展战略研究院各位同事的支持和帮助，作者对创新政策中很多主题的理解、得益于这个群体所拥有的宽松的交流氛围和日积月累的知识熏陶。来自政策制定方、研究机构、企业、行业等各方面的专家从不同角度提供了资料、给予了启示，朱丽楠女士为本书提供出版和校对方面的工作。在此一并表示衷心感谢！

作者

2016 年 8 月 10 日